"十四五"职业教育国家规划教材

服装工艺

主　编　袁　超　陈　鑫

副主编　周鸣谦　何　琼　王丽辉

　　　　陈荣潘　陈畅足　谷林润

参　编　黄发柏　胡建儿　林秀媚

科学出版社

北　京

内 容 简 介

本书分为两大模块。模块1为技术理论与基本技能，包括基础工艺和装饰工艺两个项目，主要介绍手缝工艺、机缝工艺、熨烫工艺、手缝装饰工艺和工业装饰工艺及其操作；模块2为技术运用与专项训练，包括裙装缝制工艺、裤装缝制工艺、衬衫缝制工艺、西装与大衣缝制工艺四个项目，重点介绍各类服装的缝制工艺。本书简明易懂，并配有大量简洁的插图，整体专业性强，力求让学生更加贴近现代企业的生产要求。

本书由校企"双元"联合开发，注重对接职业标准及1+X标准，强调思政融通、"岗课赛证"融通及信息化资源配套，既可作为职业院校服装设计与工艺专业学生的学习用书，又可作为服装专业培训用书与服装专业技术人员的参考用书。

图书在版编目（CIP）数据

服装工艺/袁超，陈鑫主编. —北京：科学出版社，2021.11（2023.6 修订）

ISBN 978-7-03-070890-8

Ⅰ．①服… Ⅱ．①袁… ②陈… Ⅲ．①服装工艺–职业教育–教材
Ⅳ．①TS941.6

中国版本图书馆 CIP 数据核字（2021）第 258210 号

责任编辑：张振华　上官子健　刘建山 / 责任校对：马英菊
责任印制：吕春珉 / 封面设计：孙　普

科学出版社 出版
北京东黄城根北街 16 号
邮政编码：100717
http://www.sciencep.com
三河市骏杰印刷有限公司印刷
科学出版社发行　各地新华书店经销
*
2021 年 11 月第 一 版　　开本：889×1194　1/16
2024 年 12 月第四次印刷　　印张：10
字数：220 000
定价：49.00 元
（如有印装质量问题，我社负责调换）

销售部电话 010-62136230　编辑部电话 010-62135120-2005

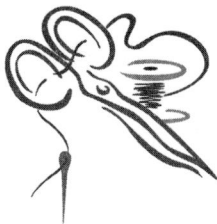

前言

作为服装大国，我国服装产业正处于从服装生产大国向自主品牌强国转变的转型升级阶段，如何在这个过程中让服装品质内涵不断提升成为转型升级的关键。服装工艺是现代服装企业核心竞争力的基础，是衡量企业品牌品质的重要指标，没有高质量的人才队伍和高质量的产品与服务，企业便无法获得顾客的青睐。

党的二十大报告指出："加快建设国家战略人才力量，努力培养造就更多大师、战略科学家、一流科技领军人才和创新团队、青年科技人才、卓越工程师、大国工匠、高技能人才。"为了更好地贯彻落实二十大报告精神，编者根据二十大报告和《职业院校教材管理办法》《高等学校课程思政建设指导纲要》《"十四五"职业教育规划教材建设实施方案》等相关文件精神，对本书内容做了更新、完善等修订工作。

在修订过程中，编者紧紧围绕"培养什么人、怎样培养人、为谁培养人"这一教育的根本问题，以落实立德树人为根本任务，以学生综合职业能力培养为中心，以培养卓越工程师、大国工匠、高技能人才为目标。通过这次修订，本书的体例更加合理和统一，概念阐述更加严谨和科学，内容重点更加突出，文字表达更加简明易懂，工程案例和思政元素更加丰富，配套资源更加完善。具体而言，本书具有以下几个方面的突出特点。

1. 校企"双元"联合开发，行业特色鲜明

本书是在行业专家、企业专家和课程开发专家的指导下，由校企"双元"联合编写的新形态融媒体教材。编者均来自教学或企业一线，具有多年的教学或实践经验。在编写本书的过程中，编者能紧扣专业培养目标，遵循教育教学规律和技术技能人才培养规律，将产业发展的新技术、新工艺、新规范、新设备、新材料融入教材，反映服装工艺师岗位及典型工作任务的职业能力要求。

2. 体现以人为本，强调实践能力培养

服装工艺是职业院校服装类专业的主干课程，是一门综合性较强的学科，是服装专业实践性教学环节的重要组成部分。服装工艺是指将服装材料加工成服装的技艺和过程，是将服装设计变为产品的关键，具有一定的技能性和操作性。

本书切实从职业院校学生的实际出发，摒弃了以往服装工艺教材中过多的理论描述，在知识讲解上"削枝强干"，力求理论联系实际，从实用、专业的角度剖析各个知识点，以浅显易懂的语言和丰富的图示来进行说明，注重学生应用能力和实践能力的培养。

3. 与实际工作岗位对接，突出"工学结合"

本书采用"模块化教学"和"项目化教学"的编写理念，以真实生产项目、典型工作任务、案例等为载体，以服装工艺师岗位知识、能力、素养要求为核心，严格按照服装工艺师岗位要求，构建知识、能力与素养结构体系，并根据该体系确定教学模块和教学项目，满足模块化、项目化等多种教学方式的要求。

本书将服装材料加工成服装的技艺和过程中的典型技术、材料、工艺、设备融入实训项目及学习任务。每个项目明确教学目的、教学方式，以多个任务的形式进行展开，由浅入深地介绍各种服装类型的制作工艺，针对学生的实际情况进行重点实践训练，以提高学生的各项技能为宗旨，突出"工学结合"的特点。

4. 对接职业标准，体现"岗课赛证"融通

在编写过程中，紧密围绕"知识、技能、素养"三位一体的教学目标，将服装制作工艺的相关知识、技能、素养融入教学项目，注重对接 1+X 职业资格证书和国家职业技能标准及技能大赛要求，体现"书证"融通、"岗课赛证"融通。

5. 融入思政元素，落实课程思政

为落实立德树人根本任务，充分发挥教材承载的思政教育功能，本书凝练思政要素，融入精益化生产管理理念，将规范意识、成本意识、质量意识、创新意识、职业素养、工匠精神的培养与教学内容相结合，可潜移默化地提升学生的思想政治素养。

6. 配套立体化资源，便于信息化教学实施

为了方便教师教学和学生自主学习，本书配套有免费的立体化的教学资源包，包括多媒体课件、实训素材及自测题（索取邮箱：zhiqingshui@qq.com）。此外，本书中穿插有丰富的二维码资源链接，通过扫描可以观看相关的微课视频，便于随时随地移动学习。

本书分为两大模块。模块 1 为技术理论与基本技能，包括基础工艺和装饰工艺两个项目，主要介绍手缝工艺、机缝工艺、熨烫工艺、手缝装饰工艺和工业装饰工艺及其操作；模块 2 为技术运用与专项训练，包括裙装缝制工艺、裤装缝制工艺、衬衫缝制工艺、西装与大衣缝制工艺四个项目，重点介绍各类服装的缝制工艺。

本书由袁超（中山市沙溪理工学校）、陈鑫（新疆轻工职业技术学院）担任主编，周鸣谦（苏州大学）、何琼（岳阳市第一职业中等专业学校）、王丽辉（邵阳工业学校）、陈荣潘（中山市沙溪理工学校）、陈畅足（中山市沙溪理工学校）、谷林润（新疆轻工职业技术学院）担任副主编，黄发柏（新疆轻工职业技术学院）、胡建儿（中山市沙溪理工学校）、林秀媚（中山市西区铁城小学）参与编写。

在编写过程中，深圳市格林兄弟科技有限公司提供了典型案例和素材，在此表示感谢。

由于编者水平有限，书中难免存在不足之处，敬请广大读者批评指正。

本书课程思政元素设计

为践行、弘扬"富强、民主、文明、和谐，自由、平等、公正、法治，爱国、敬业、诚信、友善"的社会主义核心价值观，落实"立德树人"的根本任务，本书以"习近平新时代中国特色社会主义思想"为指导，结合服装工艺师岗位的职业素养要求，从"职业素养、工匠精神、文化自信、民族自豪、爱国精神、科学思维、创新思维和标准意识"等维度着眼，紧密围绕"知识、技能、素养"三位一体的教学目标，确定思政目标，设计思政内容，开发配套的思政案例资源库，在书中以任务、图表等为载体，将课程思政内容无缝融入，润物细无声地有效传递给读者。

页码	内容导引	课程思政目标	融入方式	课程思政元素
P16-18	熨烫工艺与操作	树立高度的责任感和一丝不苟的工作作风，培养严谨细致、精益求精的工匠精神	引入熨烫工艺与操作，在服装缝制过程中，熨烫是一道重要工序，通过实践操作，引导树立高度的责任感和一丝不苟的工作作风，培养严谨细致、精益求精的工匠精神	职业素养 工匠精神
P20	手缝装饰工艺与操作	感受中国古代技艺工人的智慧与高超的技艺，传承中华民族优秀传统文化，培养爱国精神，激发民族自豪感	引入手缝装饰工艺与操作，通过介绍我国传统四大名绣——苏绣、湘绣、蜀绣、粤绣均使用手缝刺绣的手法，引导传承中华民族优秀传统文化，培养爱国精神，激发民族自豪感	文化自信 民族自豪 爱国精神
P23	工业装饰工艺与操作	感受我国古代装饰工艺的多样性、先进性，激发民族自豪感，增强文化自信	引入工业装饰工艺与操作，通过介绍我国在战国时期就已经开始应用镂空版印花工艺，激发民族自豪感，引导树立文化自信、民族自信，培养爱国情怀	文化自信 民族自信 爱国情怀
P28-29	计算机绣花工艺	深入体会我国科教兴国战略的意义，牢牢把握科技是第一生产力的科学理念，树立科学思维、创新意识，坚定技能报国的信念	引入计算机绣花工艺，通过介绍传统手工技艺与现代化设备生产工艺的区别，引导树立科学思维、创新意识，坚定技能报国的信念	科学思维 创新意识
P34-37	裙衩工艺	培养严谨细致、精益求精的工匠精神，提升审美情趣，增强质量意识	引入裙衩工艺，通过介绍裙衩工艺相关流程与要求，引导培养严谨细致、精益求精的工匠精神，提升审美情趣，增强质量意识	工匠精神 审美情趣 质量意识
P60-62	斜插袋工艺	养成专注、细致、严谨、负责的工作态度，树立质量意识、规范意识	引入斜插袋工艺，通过介绍斜插袋工艺流程及相关要求，引导养成专注、细致、严谨、负责的工作态度，树立质量意识、规范意识	职业素养 质量意识 规范意识
P69	结构纸样	树立规范意识、标准意识，自觉践行行业道德规范	引入结构纸样，通过介绍尺寸表、结构图、纸样图以及制作步骤等内容，引导树立规范意识、标准意识，自觉践行行业道德规范	规范意识 标准意识 职业素养
P86-92	牛仔裤缝制工艺	培养以客户需求为导向的职业精神、细致周到的服务意识，增强社会责任感	引入牛仔裤缝制工艺，通过介绍牛仔裤款式图、尺寸表、纸样图、缝制步骤等内容，引导培养以客户需求为导向的职业精神、细致周到的服务意识，增强社会责任感	职业精神 服务意识 社会责任
P96-97	立领工艺	树立质量意识、标准意识、成本意识	引入立领工艺，通过介绍立领工艺流程和相关要求，引导树立质量意识、标准意识、成本意识	质量意识 标准意识 成本意识
P118-123	西装与大衣部件缝制工艺	培养全局思维、创新思维，贯彻严密统一、理论联系实际的科学思维	引入西装与大衣部件缝制工艺，通过介绍手巾袋工艺、袖衩工艺、西装领工艺的流程与相关要求，引导培养全局思维、创新思维，贯彻严密统一、理论联系实际的科学思维	全局思维 创新思维 科学思维

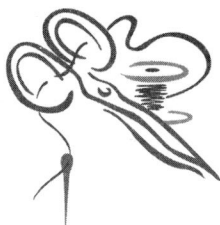

目　录

CONTENTS

模块 1
技术理论与基本技能

　　服装缝制工艺是服装设计二度创作的一个重要环节。一个好品牌的服装必然包含了高度技术化的缝制工艺因素。完美优质的缝制工艺是实现设计构想的必要条件，缺少这个条件，任何良好的构想都只是纸上谈兵。服装设计师必须掌握和了解缝制工艺的整个流程，原因包括两个方面：一方面，任何一项设计在构思之初就应该考虑缝制完成后的最终工艺效果；另一方面，服装缝制工艺的特殊性为设计师提供了更为宽广的设计创造空间。在服装设计发展的历史过程中，缝制工艺与服装材质也经历了许多变化。某些缝制流程与工艺效果常常作为独特的设计元素被设计人员运用。例如，刺绣作为一种装饰缝纫工艺，很早就被设计师有意识地作为设计的重要元素而加以发挥和利用。在现代服装设计中，也有设计师摒弃传统缝制工艺中缝纫线、缝头隐蔽在反面的做法，巧妙地将缝纫线和缝头加以强化，使其作为独特的装饰元素呈现在服装正面。这也说明了对缝制工艺的了解可以使某些工艺制作效果转变成独特的设计元素。

　　本模块基于服装工艺师这一工作岗位，介绍服装成衣制作的基本方法与相关工具设备，使学生掌握服装缝制工艺的基本操作技能。

项目 1

基础工艺

教学目的

学习服装基础工艺对服装产品设计与成衣生产起着至关重要的作用。通过学习本项目，学生应掌握手缝、机缝、熨烫等基础工艺，同时进一步了解服装特种设备及其生产方式和领域，不断提升自身专业技能。

教学方式

教师可采取理论讲解、实物分析和操作示范相结合的教学方式，根据教材内容及学生具体情况灵活确定训练内容，加强基本理论和基本技能的教学，重视课后训练，并安排必要的练习作业。

手缝工艺与操作

手缝工艺，就是使用手缝针对布料进行缝合固定，或者在布料上通过不同的针脚排列方式缝制形成装饰性图案等的工艺。这是服装设计的基础工艺。

考古发现，在距今几万年前，人类就已经开始用兽骨制作的骨针缝合动物皮毛包裹人体以抵御寒冷。虽然随着现代科技的飞速发展，许多服装生产的缝制设备投入使用并不断改良，但是手缝工艺在各类服装的制作中仍然占据着非常重要的地位并得到广泛应用。特别是在高档服装的制作中，手缝工艺是不可缺少的工艺形式，如果运用得当，无论是在质量上还是在艺术效果上，都是机缝工艺难以替代的。

1.1.1 手缝工艺准备阶段

1. 穿针引线

左手拿针，右手拿线，针眼与线头相对，将线头捋平对准针眼穿过，拔出即可。手缝穿线可根据具体工艺要求采用单股、双股或多股的方式穿入（图1-1-1）。

2. 打线结

在进行手工缝制时，为了防止布料的起点和终点出现散口松动的现象，需在缝制的起点和终点处打线结固定，这通常被称为起针结和止针结。

1）起针结：可分为绕针法（图1-1-2）和绕指法（图1-1-3）。

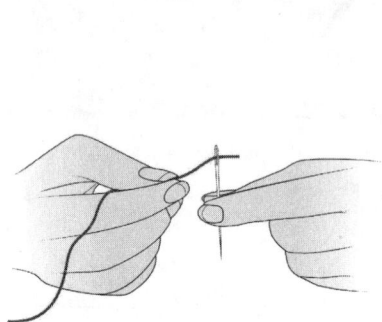

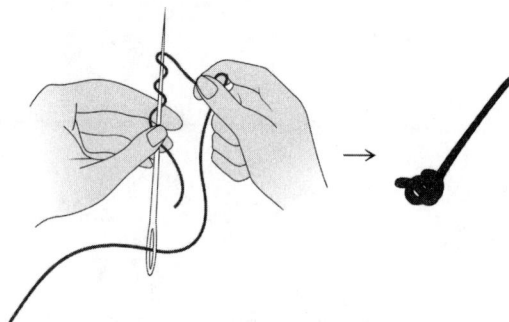

图 1-1-1　穿针引线　　　　　　　　　　图 1-1-2　绕针法示意

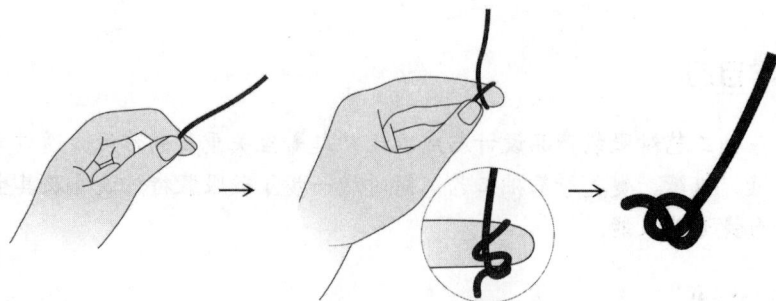

图 1-1-3　绕指法示意

2）止针结：用在手缝结束的部位，与起针结绕针法类似。在收针处用手针顶住缝线，绕针几圈后将针拔出。也可以在收针处用手针挑起布料绕针打结，这样可以增加线结的牢固度（图1-1-4）。

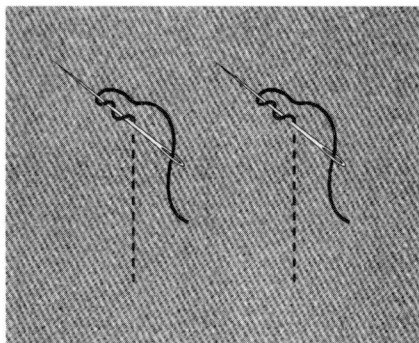

图 1-1-4　止针结示意

1.1.2　常用针法

1）平缝针法，也称为拱针，是指用均匀的针迹将两个裁片缝制在一起，正反面的线迹完全一致，每一针的间距、长度也完全一致。该针法常用于裁片固定、假缝或者布料抽褶等（图 1-1-5）。

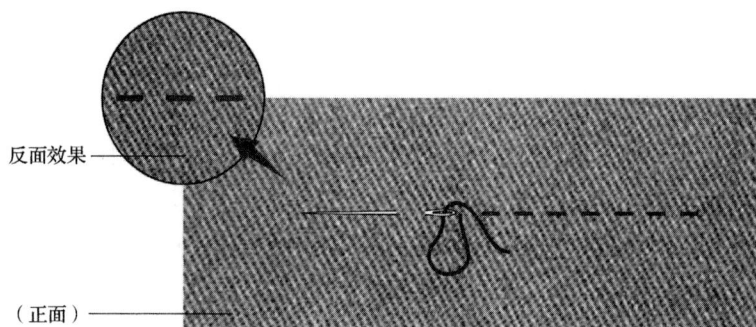

图 1-1-5　平缝针法示意

2）回缝针法，也称为钩针法，一般分为全钩针法和半钩针法，采用手针一进一退的方式缝制，正面的线迹首尾相连时为全钩针法，正面的针距与线迹宽度相等时为半钩针法（图 1-1-6）。

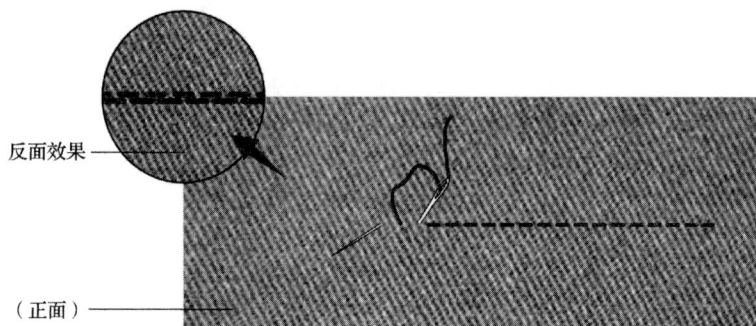

图 1-1-6　回缝针（半钩针法）示意

3）直绗针法，一般自左至右进行缝制，布料正面的线迹长度较长，通常控制在 3～4cm；布料反面的线迹长度较短，通常控制在 0.5cm（图 1-1-7）。该针法主要用于布料的临时固定，如男西装胸衬的固定、袖子面里料的固定等。

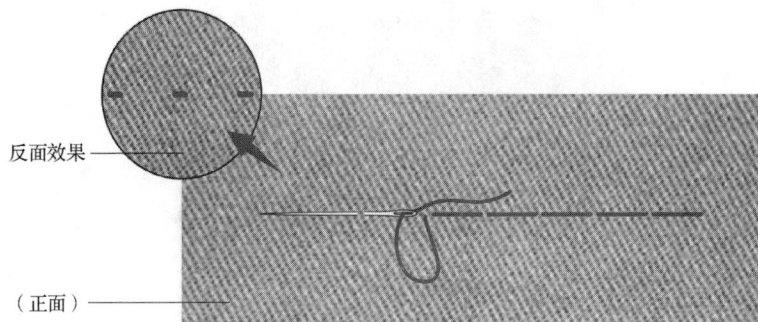

图 1-1-7　直绗针法示意

4）斜绗针法，采用此种针法缝制的布料正面的效果与半钩针法的反面效果类似。不同于半钩针法的是，斜绗针法前后两针的针脚在同一条水平线上，布料的反面会露出 0.5cm 的横向线迹，布料正面每针的线迹长度一般在 2～2.5cm（图 1-1-8）。

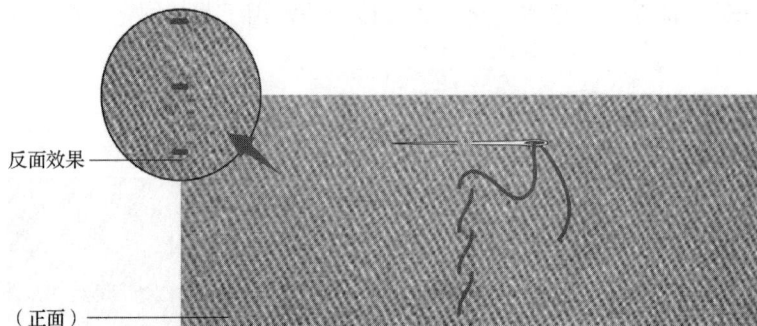

图 1-1-8　斜绗针法示意

5）环缝针法，自左至右沿布料边缘环绕缝制，每针间距为 0.3～0.5cm，主要用于边缘容易松散的布料，起到环缝锁边的作用（图 1-1-9）。

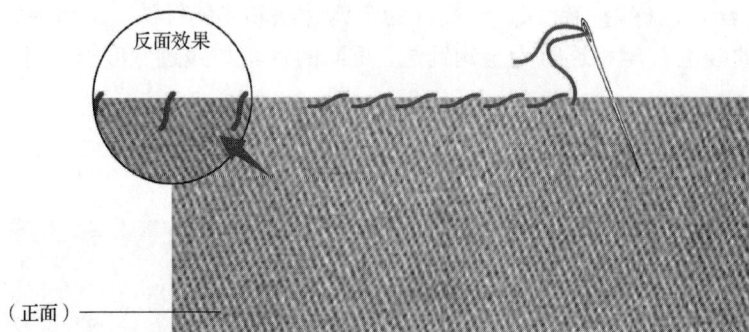

图 1-1-9　环缝针法示意

6）竖缲针法，从布料折边处起针，在与折边垂直方向挑住面料的 1～2 根纱线，下一针再从布料折边处出针重复挑起面料的 1～2 根纱线。该针法主要用于下摆或袖口折边、旗袍镶边等部位（图 1-1-10）。

7）横缲针法，自右至左行针，用途及正面的线迹效果与竖缲针法基本一致，反面的线迹呈首尾相连的横线状，每针之间的间距可控制在 0.7～1cm（图 1-1-11）。

8）直缲针法，主要用于西装或者大衣底摆面料与里料的固定。采用该针法时，面料正面与里料正面均看不到缝线，所有线迹均隐藏于面料与里料之间，缝制时在距离里料折边 1cm处将面料与里料缲缝固定，每针的线迹长度为 0.5～0.7cm（图 1-1-12）。

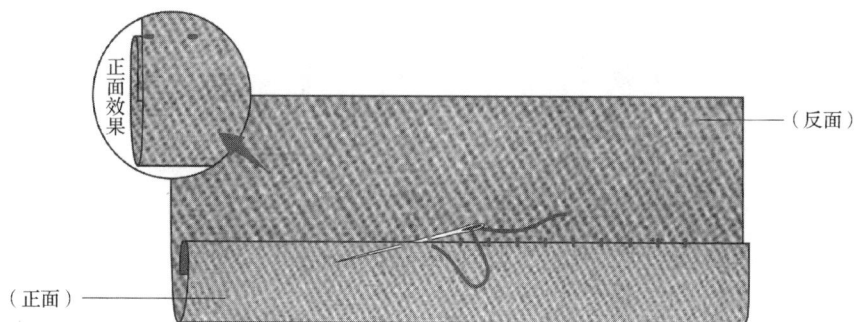

图 1-1-10　竖缲针法示意

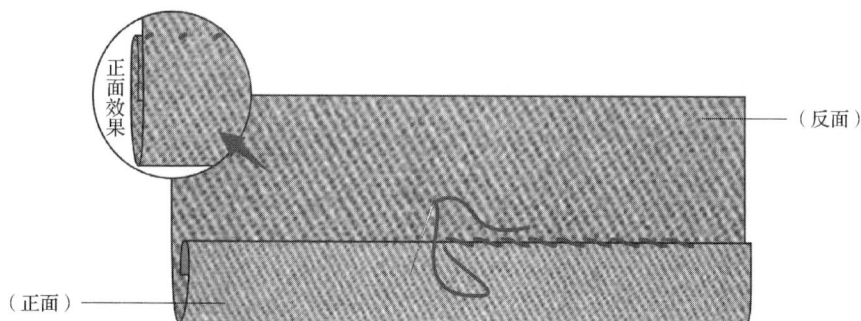

图 1-1-11　横缲针法示意

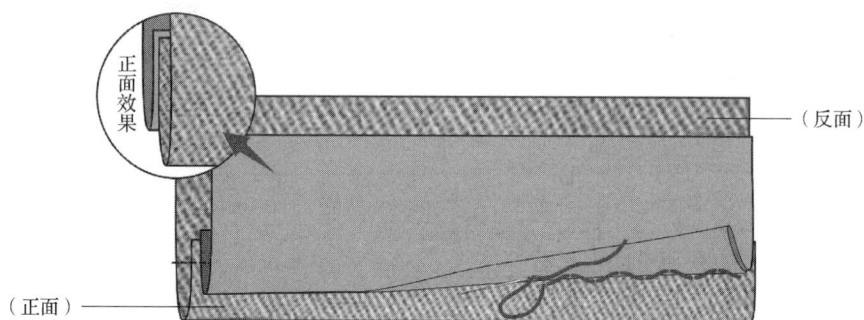

图 1-1-12　直缲针法示意

9）三角针法，用于裙摆、西裤裤脚边的折边固定，自左至右进行缝制，每针的间距为 0.5～0.7cm（图 1-1-13）。

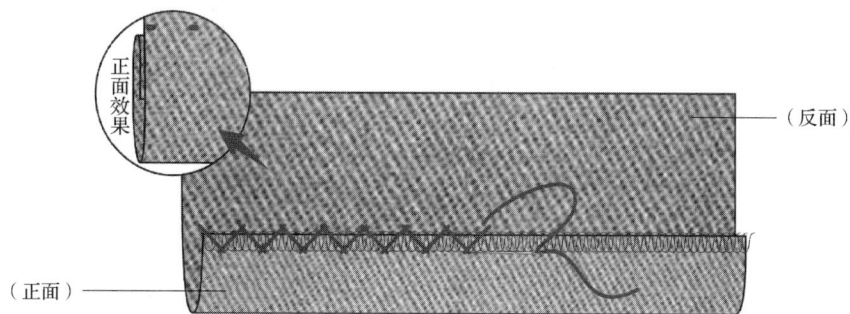

图 1-1-13　三角针法示意

1.1.3　线袢种类

线袢一般可分为锁眼式线袢和套结式线袢。

1）锁眼式线袢，先将打底线纵向来回缝 3～5 次，然后用手工锁眼的方式锁住打底线

（图 1-1-14）。

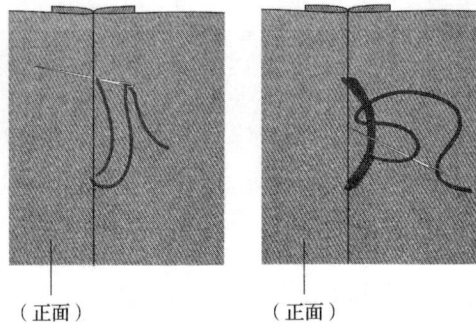

（正面）　　　　　　　　（正面）

图 1-1-14　锁眼式线袢

2）套结式线袢，先将线头固定在线袢的一端，再用编锁链的方式从线头的端点开始编织，长度可根据实际需要自行控制，锁链编织好后将端点固定在线袢的另一端（图 1-1-15）。

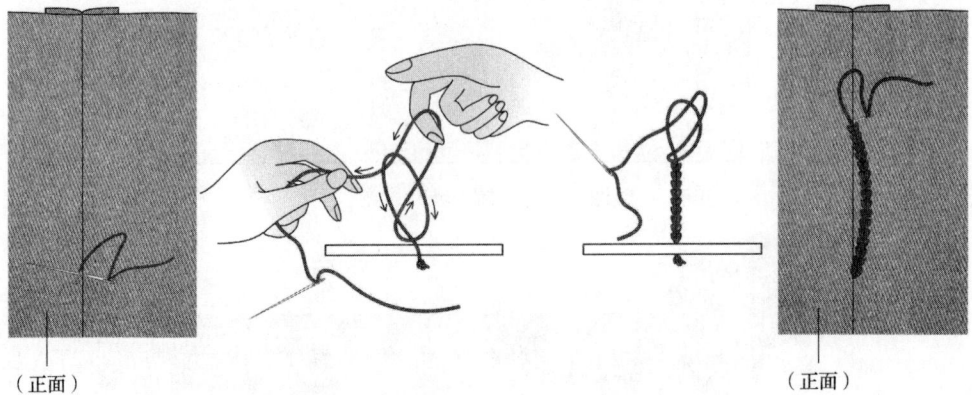

（正面）　　　　　　　　　　　　　　　　　　　（正面）

图 1-1-15　套结式线袢

1.1.4　手缝锁眼、钉扣

纽扣在上装中极为常见，目前市场上的服装大多为批量生产，锁眼通常采用机器锁缝，但在高级服装定制中手缝锁眼较为常见。锁眼、钉扣主要针对的是上装门襟部位，一般以前中心线作为基准线，可采用纵向锁眼和横向锁眼（图 1-1-16）。

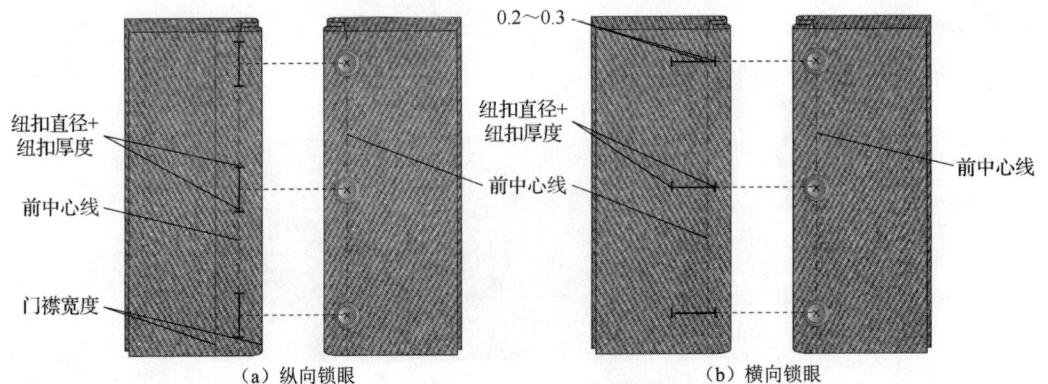

纽扣直径+
纽扣厚度

前中心线

门襟宽度

0.2~0.3

纽扣直径+
纽扣厚度

前中心线

前中心线

（a）纵向锁眼　　　　　　　　　　（b）横向锁眼

图 1-1-16　开锁眼、钉扣方法示意（单位：cm）

1. 平头锁眼

1）在服装上画出锁眼位置，沿锁眼边缘用缝纫机缉缝一周，在锁眼中间剪开口，手缝针从锁眼开口处进针，线结藏于两层面料中间，沿缉缝线在锁眼两边缝上衬线。

2）手缝针穿过锁眼开口靠锁眼一端绕缝，针尖穿过绕缝线圈，将线圈拉紧锁缝锁眼口。沿衬线外端重复前一动作，将锁缝线迹整齐排列（图 1-1-17）。

3）在锁眼一端以 0.3～0.4cm 的针距来回绕两圈固定锁眼端口，在两根横向线中间将横线绕缝两圈固定。挑起锁缝锁眼的最后一针，用手针穿过绕缝横线的线环，将缝线转向锁眼的另一侧（图 1-1-18）。

4）以相同的方式将锁眼的另一侧锁缝固定，用手针反穿第一针锁缝线圈，穿过锁眼端口布料横向绕缝两圈，将横向线迹按图 1-1-18 中的方式纵向绕缝固定。

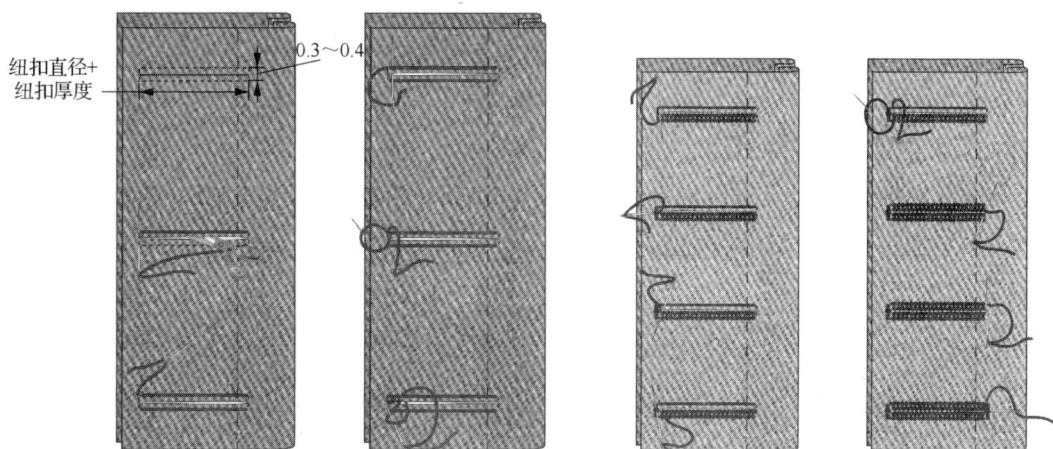

图 1-1-17 平头锁眼 1（单位：cm）   图 1-1-18 平头锁眼 2

5）锁眼锁缝完成后，在内层布料上用手针将缝线引入锁眼缝线中，完成效果如图 1-1-19 所示。

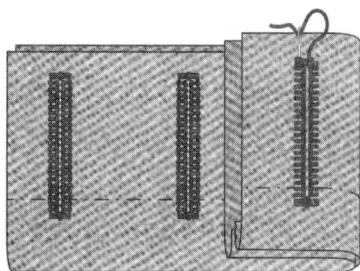

图 1-1-19 平头锁眼 3

2. 圆头锁眼

在布料上用画粉定出锁眼位置，用圆冲将锁眼圆头处冲出圆头，将圆孔与直线处拉直修顺。如图 1-1-20 所示，沿锁眼边缘缝上衬线，按照平头锁眼的锁眼方式进行锁眼锁缝，圆头处锁缝线迹呈放射状，锁缝完成后按照平头锁眼的收针方式做收针处理。

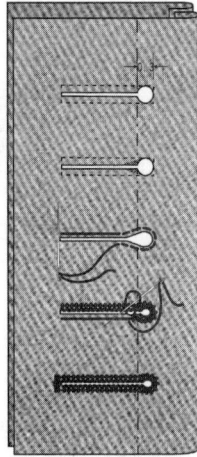

图 1-1-20　圆头锁眼

3．钉扣

1）直接钉扣，从布料上层进针，线结藏于纽扣与布料之间。四孔纽扣可采用"11"字钉扣法和十字钉扣法。十字钉扣法采用十字交叉的形式在纽扣孔中来回穿插 2 次，钉扣完毕将手针穿过钉扣线，在针上将缝线绕两圈打结（图 1-1-21）。

图 1-1-21　直接钉扣

2）线柱钉扣，与直接钉扣法类似，在钉扣时可加入底纽扣，在布料与纽扣之间留出门襟的厚度，用来缠绕线柱。如图 1-1-22 所示，在钉扣缝线处从上至下均匀缠绕，使其呈现坚固结实的线柱，最后在线柱底端打结固定。

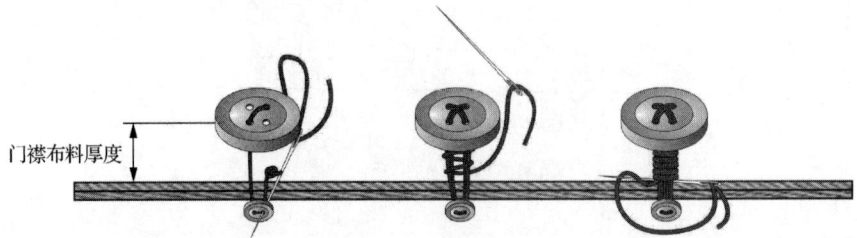

图 1-1-22　线柱钉扣

3）暗扣钉扣，一般凸面钉于门襟处，凹面钉于里襟处，钉扣缝线与锁眼方式相同，将起针线与收针线均藏于暗扣之下（图 1-1-23）。

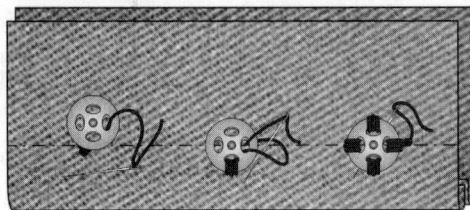

图 1-1-23　暗扣钉扣

任务 1.2　机缝工艺与操作

机缝工艺又称车缝工艺，是指利用工业缝纫机进行服装成衣制作。现代化的工业缝纫机缝纫速度快、针迹整齐，使用服装生产特种设备缝纫的装饰线迹既美观又实用。随着服装生产机械设备的飞速发展，在服装工业生产中，机缝已经成为主要方式。对于服装专业初学者来说，熟练掌握常用缝纫设备的使用方法十分必要。

服装成衣一般由许多部件组合而成，在进行部件缝制时通常会将不同的缝型拼合在一起。一般而言，服装款式及所使用的面料不同，在生产过程中采用的缝型也会不同。另外，使用不同的生产设备，在生产时采用的缝型也会不同。

1.2.1　常用缝型与操作

1）平缝，也称为合缝，是机缝工艺中最常见、最基本、应用最广泛的缝型。该缝型将两层或者多层布料正面或者反面相叠，布边保持对齐并按照一定宽度进行车缝。平缝时，需将上层布料往前轻轻推送，下层布料往后轻轻拽紧，同时需保证上下层松紧一致、长短相同、缝份宽度一致（图1-2-1）。

平缝工艺

2）分开缝，是服装缝制中最常见的缝型之一，是在平缝的基础上直接将拼合的缝份分开熨烫，使其达到一种平整的效果（图1-2-2）。

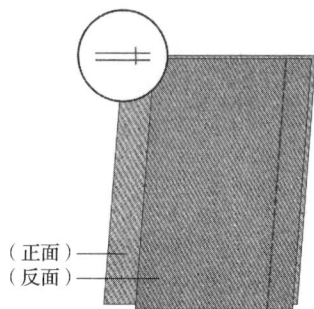

图 1-2-1　平缝

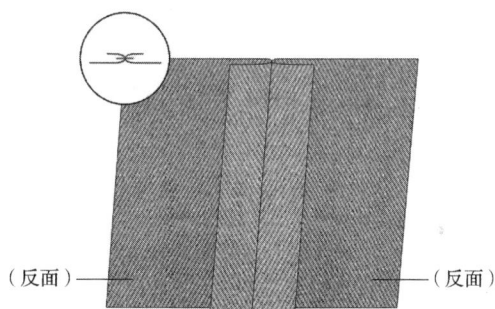

图 1-2-2　分开缝

分开缝工艺

3）分压缝，先将布料边缘熨烫折光，再用分开缝的方式按照规定的宽度车缝固定，在分缝两边缉压明线（图1-2-3）。分压缝通常用于较轻薄的棉、麻布料。

分压缝工艺

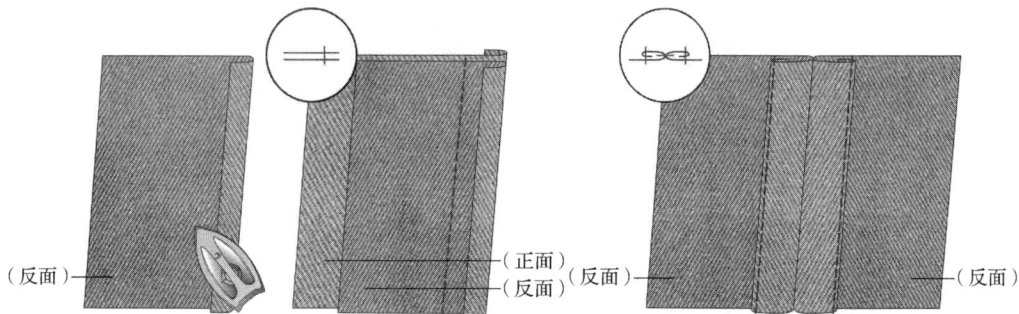

图 1-2-3　分压缝

4）包缝，一般分为内包缝和外包缝，二者最大的区别在于内包缝布料正面只能看到一条明线，外包缝布料正面可看到两条明线。

采用内包缝方法缝制轻薄面料时，先将布料正面与正面相对，用下层布料折转 0.6～0.8cm 包住上层布料的缝边绲压 0.1cm，然后将上层布料折转包住下层布料缝边，在布料正面绲压 0.5～0.6cm 明线（图 1-2-4）。

采用内包缝方法缝制较厚面料时，先将布料正面与正面相对，将下层布料折转 0.3～0.4cm 沿边缘绲压 0.1cm 明线，在上层布料缝边与下层布料缝边相对距上层布料边缘 0.3～0.4cm 处绲压明线，然后将上层布料折转包住上下层布料缝边，在布料正面绲压 0.5～0.6cm 明线（图 1-2-5）。

内包缝工艺

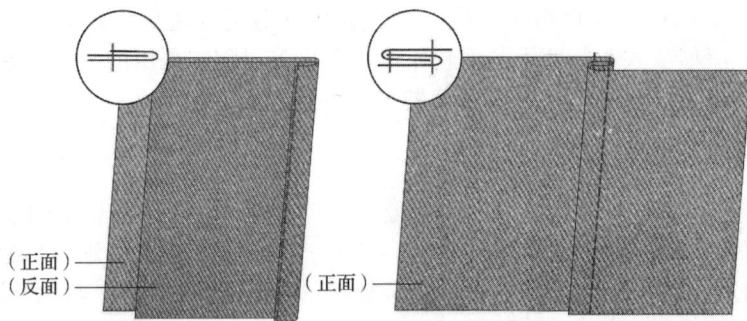

图 1-2-4　内包缝 1

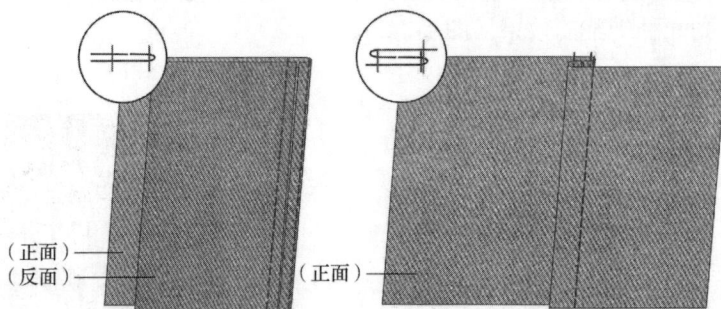

图 1-2-5　内包缝 2

外包缝与内包缝的缝制方法一致，不同的是，外包缝在绲压第一道线时为反面对反面车缝，如图 1-2-6 所示。

外包缝工艺

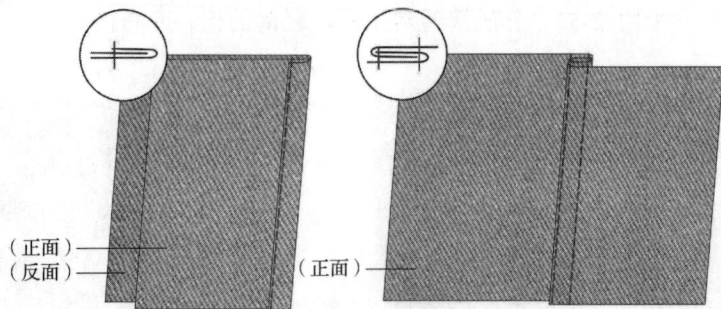

图 1-2-6　外包缝

5）来去缝，是一种将缝份缝合在两层面料之间的缝型，在正面和反面都不显露缝份的毛边，常见于不拷边的轻薄面料，或者是容易出现毛边、需要加固的面料。一般先将布料的反面与反面相对，车缝 0.4cm，并将缝份毛须清剪整齐，然后将布料正面与正面相对车缝包住第一道缝线的缝份（图 1-2-7）。

来去缝工艺

6）卷边缝，布料沿边缘按照规定的宽度将毛边折转干净，根据折边宽度缉压明线。卷边缝一般用于下摆、脚口、袖口等部位，折边的宽度一般根据面料的厚度、弧线的弧度来确定（图 1-2-8）。

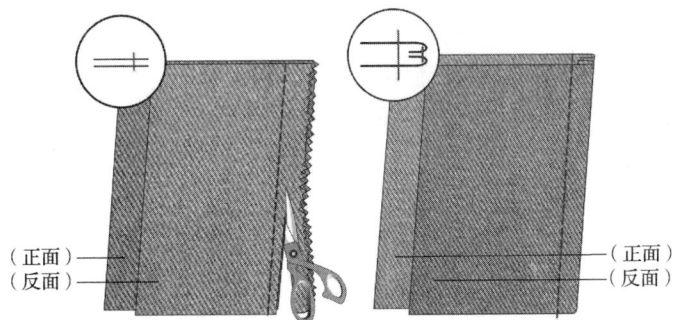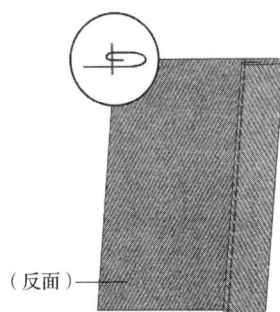

卷边缝工艺

（正面）
（反面）

（正面）
（反面）

（反面）

图 1-2-7 来去缝

图 1-2-8 卷边缝

7）贴边缝，根据裁片形状另外裁剪一定宽度、相同曲度的布料，用此布料车缝折光毛边，一般用于无领领口、无袖袖窿、下摆等部位（图 1-2-9）。

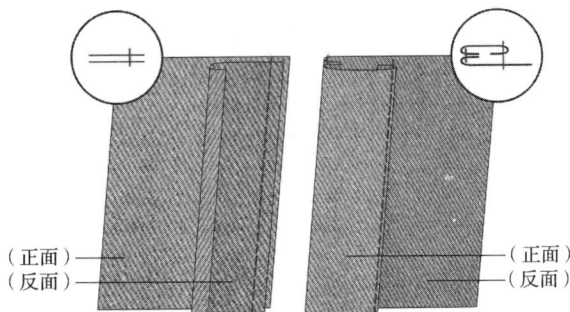

贴边缝工艺

（正面）
（反面）

（正面）
（反面）

图 1-2-9 贴边缝

无领工艺

8）包边缝，一般用于不挂里的西装、外套、大衣等服装缝份的处理。用 45° 斜纱裁剪3.5cm 左右的布条，将裁片毛边用镶面压面或者镶里压面的方式车缝包光。

① 镶面压面，将 45° 斜纱布条一边折转 1/4，另一边与布料正面与正面相对平缝车缝 1/4，将斜纱布条向布料反面折转，包住布料毛边，在正面沿边缘缉压 0.1cm 明线（图 1-2-10）。

包边缝工艺

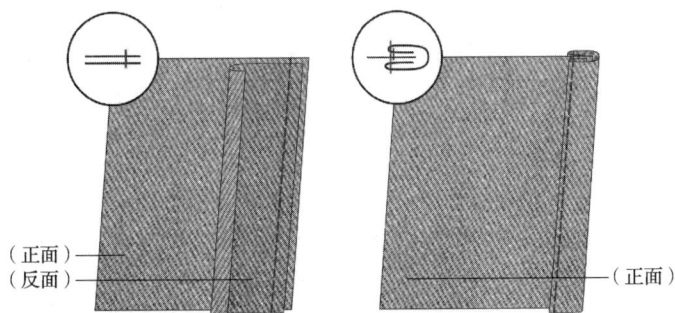

（正面）
（反面）

（正面）

图 1-2-10 镶面压面包边缝

② 镶里压面，与镶面压面的操作方式一样，先用 45° 斜纱布条正面与布料反面相对平缝车缝 1/4，再将斜纱布条向正面折转，包住布料毛边，在正面沿边缘缉压 0.1cm 明线（图 1-2-11）。

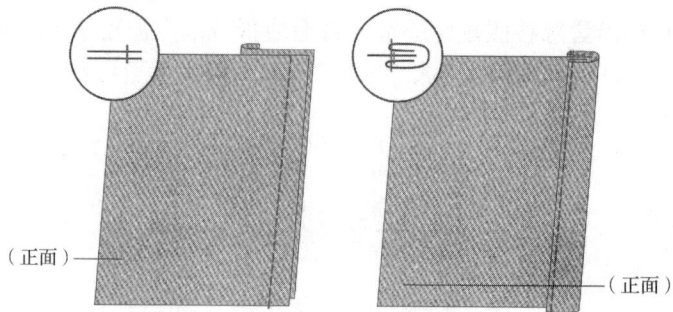

（正面）

（正面）

图 1-2-11 镶里压面包边缝

1.2.2 服装生产特种设备

1）高速锁缝机，一般分为三线锁缝机、四线锁缝机、五线锁缝机。

① 三线锁缝机（图 1-2-12）主要用于质量要求不高、裁片缝边不易脱落的面料，锁缝牢固度一般（图 1-2-13）。

图 1-2-12 三线锁缝机

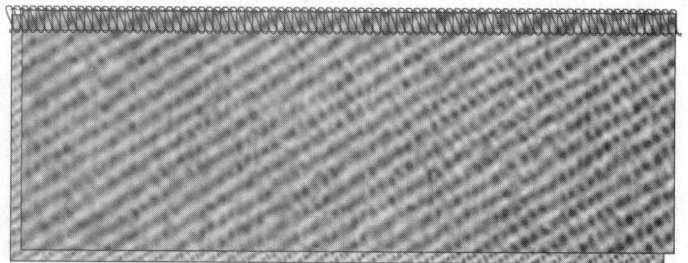

图 1-2-13 三线锁缝机线迹

② 四线锁缝机（图 1-2-14）主要用于西裤、衬衫、上衣外套等服装裁片毛边锁缝（图 1-2-15）。它在三线锁缝机的基础上增加了一条车缝加固线。

图 1-2-14 四线锁缝机

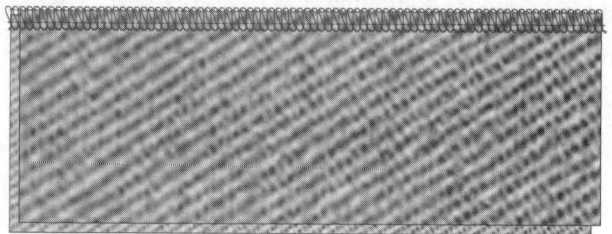

图 1-2-15 四线锁缝机线迹

③ 五线锁缝机（图 1-2-16）一般用于 T 恤缝制，它在四线锁缝机的基础上增加了一条车缝加固线，T 恤裁片拼合时可以一次性车缝与锁缝包边，能够有效提高生产效率（图 1-2-17）。

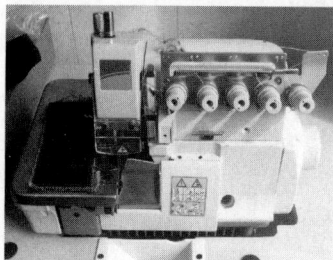

图 1-2-16 五线锁缝机

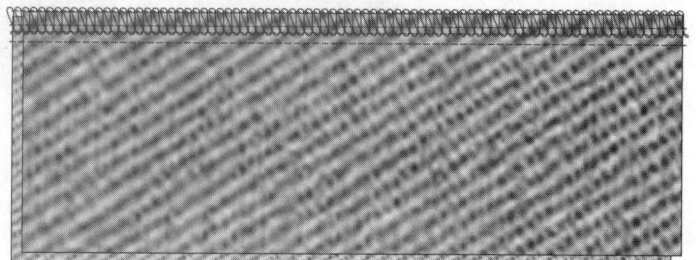

图 1-2-17 五线锁缝机线迹

2）五线绷缝机（图 1-2-18），俗称冚车，主要用于 T 恤生产过程中的拼缝或者袖口、下摆折边缝制（图 1-2-19）。

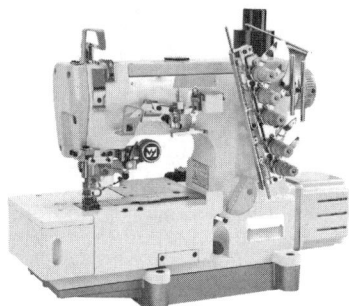

图 1-2-18　五线绷缝机

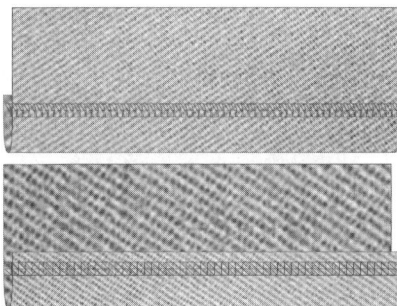

图 1-2-19　五线绷缝机线迹

3）双针四线链式缝纫机（图 1-2-20），主要用于牛仔裤及面料较厚服装的裁片拼合，正面线迹与平缝机线迹一致，为平缝双线线迹，反面呈链式双线线迹（图 1-2-21）。

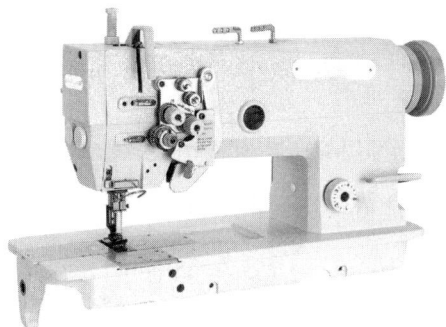

图 1-2-20　双针四线链式缝纫机

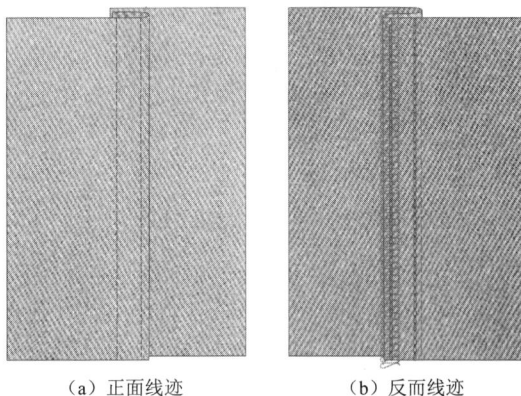

（a）正面线迹　　　　（b）反而线迹

图 1-2-21　双针四线链式缝纫机线迹

4）全自动套结机（图 1-2-22），主要用于服装中需加固部位的缝制加固，以及裤袢、袋口等部位的缝制。常见的套结方式有一字套结和 D 字套结（图 1-2-23）。

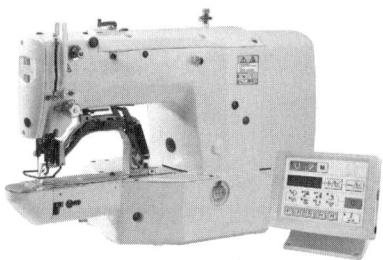

图 1-2-22　全自动套结机

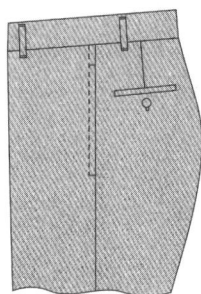

图 1-2-23　全自动套结机线迹

5）埋夹机（图 1-2-24），主要用于衬衫、牛仔裤、牛仔衣拼缝，缝型方式与外包缝相同，线迹与双针四线链式缝纫机相同，正面为平缝双线线迹，背面为链式双线线迹（图 1-2-25）。

图 1-2-24　埋夹机

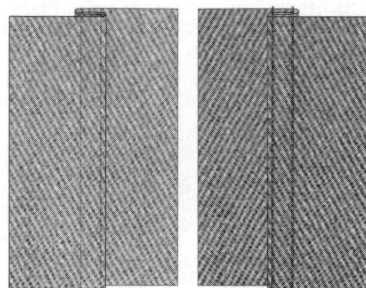

（a）正面线迹　　（b）反面线迹

图 1-2-25　埋夹机线迹

6）平头锁眼机（图 1-2-26），主要用于制作衬衫等比较轻薄面料服装的锁眼（图 1-2-27）。

图 1-2-26　平头锁眼机

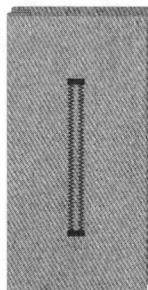

图 1-2-27　平头锁眼机线迹

7）全自动凤眼机（图 1-2-28），主要用于制作西装、大衣、牛仔服装等的锁眼（图 1-2-29）。

图 1-2-28　全自动凤眼机

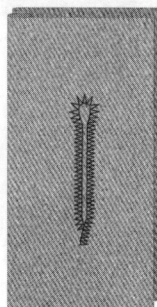

图 1-2-29　全自动凤眼机线迹

任务 1.3　熨烫工艺与操作

　　熨烫是服装缝制过程中的一个重要工序，在服装制作中常以"三分做、七分烫"来强调熨烫在缝制工艺中的重要性，尤其是在制作高档服装时，熨烫工艺显得十分重要。

1.3.1　熨烫常用的工具

　　1）熨斗，分为普通家用熨斗（图 1-3-1）、挂烫熨斗（图 1-3-2）和蒸汽熨斗（图 1-3-3）。在服装制作过程中熨烫、归拔及服装整烫定型都需要使用熨斗来完成。

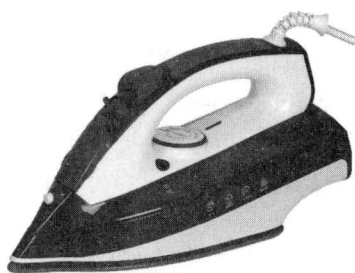
图 1-3-1　普通家用熨斗

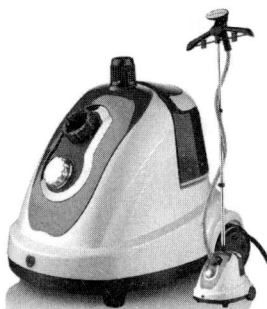
图 1-3-2　挂烫熨斗

图 1-3-3　蒸汽熨斗

2）烫台，分为简易烫台和抽湿烫台。

简易烫台在学校教学场所较为常见。抽湿烫台（图 1-3-4）多用于工业生产，熨烫时通过抽风机将蒸汽熨斗所产生的蒸汽抽出，能够起到快速冷却定型的作用。

3）烫凳（图 1-3-5），主要用于熨烫弧线部位或者筒状部位，如裤子的侧缝，上衣的袖子、肩缝等。

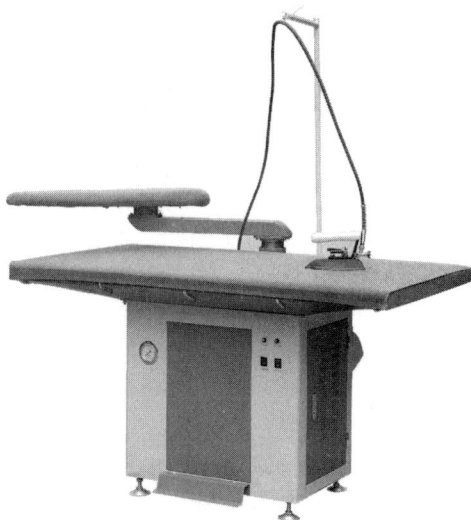
图 1-3-4　抽湿烫台

图 1-3-5　烫凳

4）铁凳（图 1-3-6），主要用于熨烫半成品中不易摆平且呈弧形的部位，如女装的胸部、袖山头等。

5）喷水壶（图 1-3-7），主要用于在熨烫过程中喷水湿润需要熨烫的部位，使其能够达到更好的平服效果。

图 1-3-6　铁凳

图 1-3-7　喷水壶

1.3.2 手工熨烫常用的工艺形式

手工熨烫的工艺很多，总结而言，常用的有分缝熨烫、扣缝熨烫、归拔熨烫等工艺。

1）分缝熨烫，通常可分为拔分熨烫（图1-3-8）和归缩熨烫（图1-3-9）。拔分熨烫一般用于需要拔开拉长部位的缝份，如裤子的下裆缝、上衣的袖底缝等；归缩熨烫主要用于服装中斜纱部位缝份的熨烫，防止斜纱拉长，如上衣的外袖缝、肩缝等。

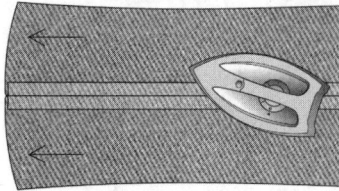
图1-3-8　拔分熨烫

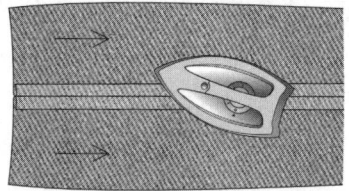
图1-3-9　归缩熨烫

2）扣缝熨烫，通常分为扣缝烫（图1-3-10）和缩扣缝烫。扣缝烫也称为直扣烫，常用于裤腰的直腰边折转或精做上衣中里子摆缝、背缝、袖缝等的熨烫；缩扣缝烫，主要用于扣烫袋角处的圆角（图1-3-11）或者上衣底摆的圆弧（图1-3-12），扣烫时一般需要使用净样板。

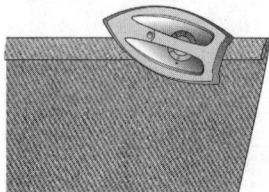
图1-3-10　扣缝烫

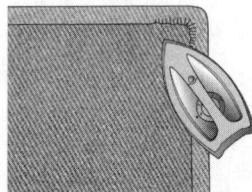
图1-3-11　圆角缩扣缝烫

图1-3-12　底摆缩扣缝烫

3）归拔熨烫，利用布料的热塑变形原理，使织物通过热塑性变形和定型，从而将平面的布料变为立体的衣片。归烫，就是使裁片的某些部位经过热处理后缩短（图1-3-13）；拔烫，就是使裁片的某些部位经过热处理后伸长（图1-3-14）。

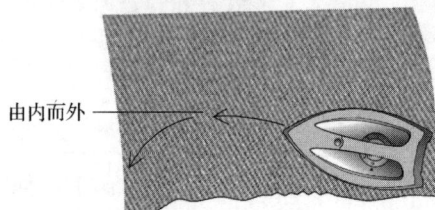
由内而外
图1-3-13　归烫

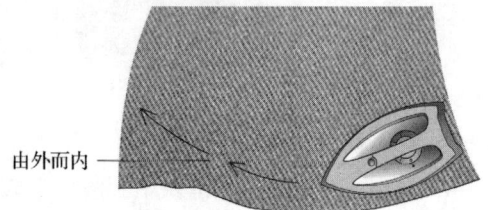
由外而内
图1-3-14　拔烫

项目实践

1. 根据所学手缝工艺技法，自行设计并制作一款笔袋或者小手包，要求至少采用5种手缝针法。

2. 根据所学机缝缝型技法及特种设备使用方法，自行设计并制作一款环保购物袋，要求至少采用3种机缝缝型及1种特种设备。

项目 2

装饰工艺

📝 **教学目的**

装饰工艺在整个服装制作中起着画龙点睛的作用，传统装饰工艺大多采用手工缝制。随着工业化生产的普及，现在市场上的服装产品多为工业化生产，其装饰工艺也基本上是由机器生产。通过学习本项目，学生应对服装中的手工、工业装饰手法有初步的了解，能够利用手工装饰的手法制作相应的服饰。

💻 **教学方式**

教师可采取理论与操作示范相结合、实物展示分析与企业实地考察相结合的方式进行教学，根据教材内容及学生具体情况灵活确定训练内容，加强基本理论和基本技能的教学，重视课后训练，鼓励学生进行市场调研，深入市场了解装饰工艺手法在服装产品中的运用。

任务 2.1 手缝装饰工艺与操作

手缝装饰工艺在服装或者家居纺织品中有着非常突出的装饰作用，往往能够起到画龙点睛的作用。手缝装饰工艺一般有刺绣、钉珠、面料再造等多种手法。其中，手缝刺绣是手缝装饰工艺中最具代表性的工艺手法，通常是将绣缝线按照一定的规律进行缝制形成的线迹，一般会以图案的形式呈现。在手缝刺绣中通常会加入其他装饰手法，从而提升服装或者纺织品的整体装饰效果。在我国，传统四大名绣——苏绣、湘绣、蜀绣、粤绣均使用手缝刺绣的手法。手缝装饰工艺可以根据设计需要以平面或者立体形态在服装和纺织品中呈现。

2.1.1 手缝装饰基础针法

1）串缝针法，是一种较为常见的装饰针法，多用于女装或者童装的门襟、袖口、领边等部位。如图 2-1-1 所示，串缝针法先按照平缝针法，横向或者纵向大间距缝出针迹，再用另一根缝线呈 S 形在平缝线迹上穿插缝线，缝线时长度均等、松紧适宜。如果需要增强色彩对比，可采用两种不同颜色的绣线进行缝制。

2）旋缝针法，该针法采用一针一结的手法。如图 2-1-2 所示，进针后在下一针迹打结向前缝制，打结形状似涡形花，因此也称为涡形针法。该针法可用作花卉图案的枝梗、藤蔓等部位的装饰缝制。

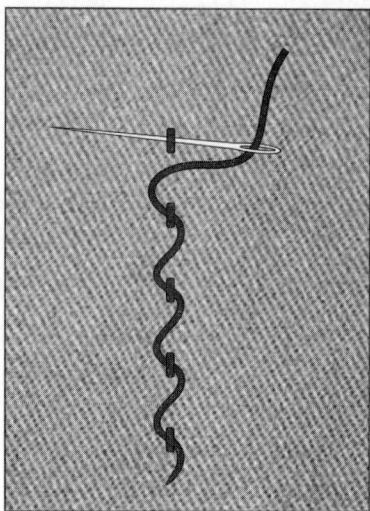

图 2-1-1 串缝针法示意　　　　　　　图 2-1-2 旋缝针法示意

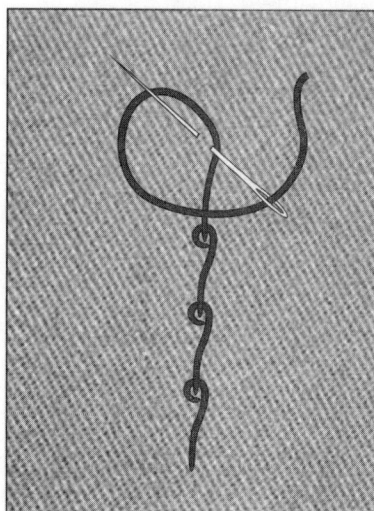

3）单链缝针法，该针法环环相扣。如图 2-1-3 所示，进针后将缝线向上绕成圆弧，在进针针脚上方斜向挑起布料，手针压住线圈拔出即形成链式线迹。

4）双链缝针法，缝制手法与单链缝针法类似。如图 2-1-4 所示，进针后在进针针脚同一水平线上按一定距离向布料下方穿针，形成线圈，同时在与第一针进针方向垂直方向上出针，手针压住线圈，重复上述步骤即可形成双链缝线迹。

5）绕缝针法，是回缝针法与串缝针法相结合的针法，一般用于门襟、袖口、领边等边缘的装饰。如图 2-1-5 所示，缝制时先用回缝针等距缝出直线或者弧线，然后用另一根缝线在回缝针缝制的线迹上等距缠绕缝制。

6）山形针法，因形状像山而得名，一般用于育克分割、袖口边缘等服装部件边缘装饰。

如图 2-1-6 所示，山形针的针法及针迹与三角针相似，三角针采用挑纱点缝，山形针采用回缝针缝制。

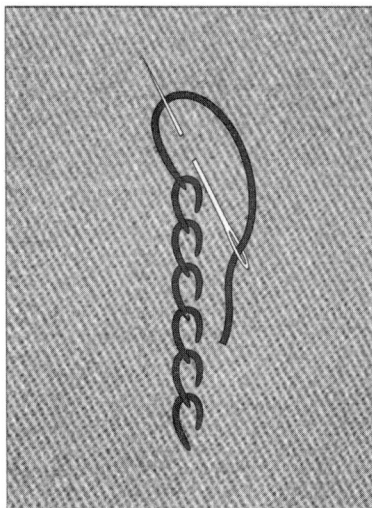

图 2-1-3 单链缝针法示意

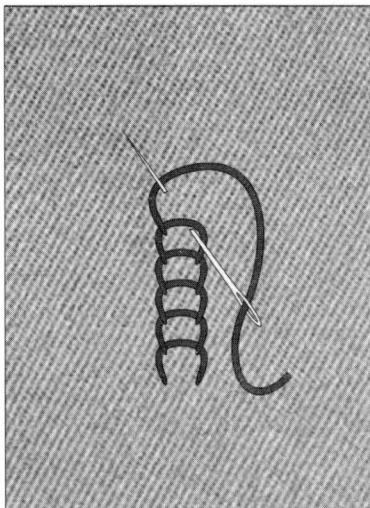

图 2-1-4 双链缝针法示意

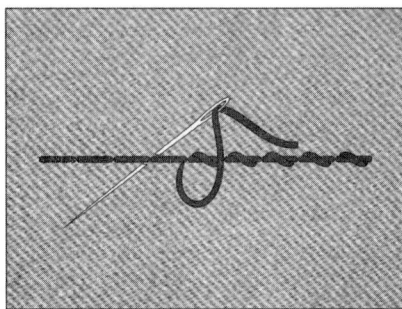

图 2-1-5 绕缝针法示意

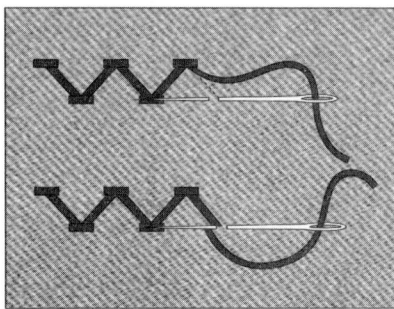

图 2-1-6 山形针法示意

7）十字针法，该针法为十字交叉状。将许多十字针法交错排列可以形成不同的图案，同时可采用单色或者多色的方式使服装图案内容更加丰富。如图 2-1-7 所示，先将十字针迹同一方向线迹有序排列，再将另一方向针迹按十字交错的方式有序排列，即可形成十字。此外，也可单独完成一个十字，再反复缝制多个十字。

8）杨树花针法，该针法可根据叠加组合形成一针花、二针花、三针花，一般用于大衣底摆装饰。如图 2-1-8 所示，一针花采用一上一下的方式向上挑针，挑针时缝线必须压于针下穿过。同理，采用二上二下、三上三下的方式向上挑针分别可形成二针花、三针花。

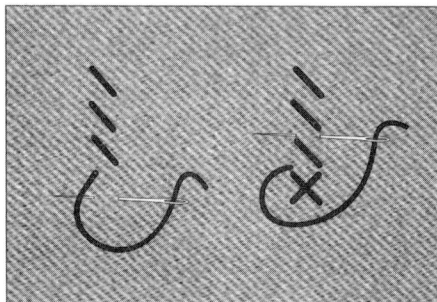

图 2-1-7 十字针法示意

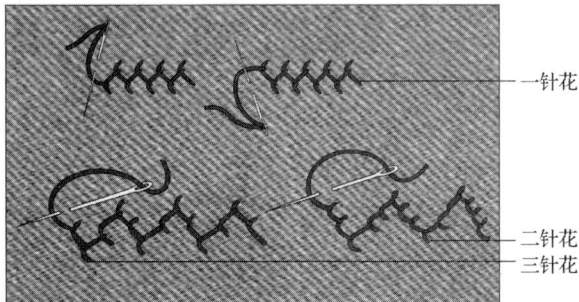

图 2-1-8 杨树花针法示意

2.1.2 手缝装饰绣缝针法

1）平绣，是最基础的绣缝针法。如图 2-1-9 所示，可在需绣缝的裁片上按图案形状扫粉做好标记，进针后有规律地来回排列线迹，线迹紧密有序，需完全覆盖布料。

2）长短绣，一般用于绣缝花瓣。如图 2-1-10 所示，针脚一长一短，紧密有序地进行排列。通常长短绣会以某点中心向外发散，呈扇形排列。

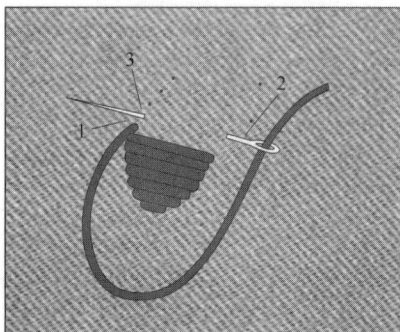

图 2-1-9　平绣针法示意

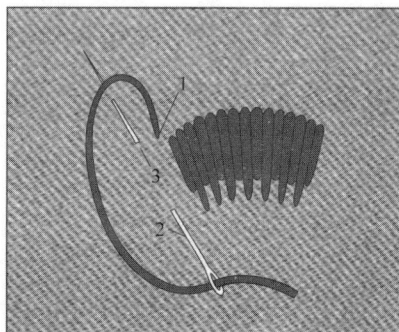

图 2-1-10　长短绣针法示意

3）贴线绣，将一条较粗的绣线按照图案形状提前放置在布料上，然后用常规绣线按照等距的间隔将粗绣线进行固定（图 2-1-11）。

4）套环绣，也称为花瓣绣，针法与链式针法类似。如图 2-1-12 所示，从 1 进针，绕成线圈，在 3 边上进针后从 2 出针压住线圈，从 4 进针后从 5 出针，根据图案要求反复排列形成花瓣状图案。

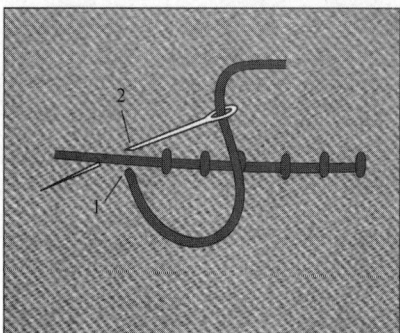

图 2-1-11　贴线绣针法示意

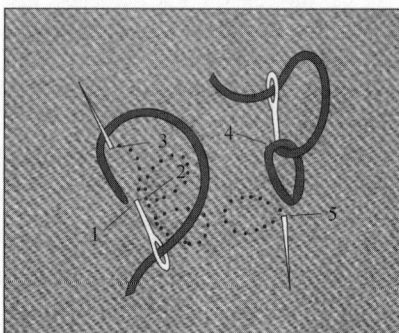

图 2-1-12　套环绣针法示意

5）柳叶绣，也称为花梗绣。如图 2-1-13 所示，从 1 出针后从 2 穿入，再从 3 倒钩针出针。绣缝粗细根据针迹重合程度来确定：针迹重合越多，花梗越粗；针迹重合越少，花梗越细。

6）人字绣，也称为斜面缎绣。如图 2-1-14 所示，从 1 进针穿入 2，从 3 穿出后穿入 4，从 5 穿出，再从中线靠右进针，从叶片图案边缘穿出。重复以上步骤，图案中线处呈交叠状，布料完全被绣线覆盖。

图 2-1-13 柳叶绣针法示意

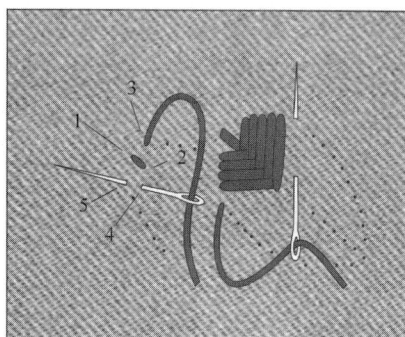

图 2-1-14 人字绣针法示意

7）盘丝绣，也称为玫瑰绣，其绣缝形状像玫瑰花瓣。如图 2-1-15 所示，从 1 进针，倒钩针从 2 穿入，从 3 穿出，按风车旋转的方式重复以上针法，在旋转绣缝时盘旋的直径不断扩大。

8）绕针绣，也称为花蕊绣。如图 2-1-16 所示，从 1 出针，从 2 穿入，再从 3 穿出，用绣线在针尖处绕缝几圈，按住绕缝线圈拔出手针，再根据线圈所需长度穿入布料，固定线圈，按照图案要求重复以上针法。

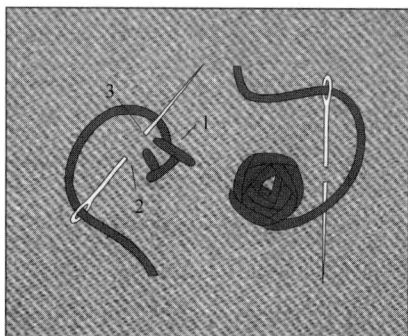

图 2-1-15 盘丝绣针法示意

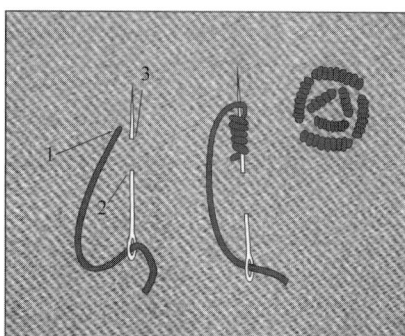

图 2-1-16 绕针绣针法示意

任务 2.2 工业装饰工艺与操作

工业装饰，顾名思义，就是为了提高生产效率而通过工业化生产的批量化产品。不同于手工装饰的产品，工业化生产的装饰工艺是可复制的、市场化的，而手缝装饰工艺是集合手工匠人心血一针一线缝制出来的，是不可复制的。通常意义上，工业装饰一般包括印花工艺和机器绣花工艺。

印花工艺是利用染色染料通过配色在布料上印出图案的一种工艺手段。印花有织物印花、毛条印花和纱线印花之分，以织物印花为主。我国织物印花历史悠久，早在战国时期就已经开始应用镂空版印花；毛条印花用于制作混色花呢；纱线印花用于制作各种风格的彩色花纹织物。印度在公元前 4 世纪就有了木模板印花。连续的凹纹滚筒印花始于 18 世纪。筛网印花是由镂空型版发展而来的，适用于容易变形织物的小批量、多品种的印花。

随着计算机技术的发展，计算机绣花技术开始应用于服装制作，通过专业的计算机绣花软件来设计花样及走针顺序，最终实现绣花产品的大批量生产。计算机绣花技术的广泛应用解决了传统手工绣无法批量化生产的问题。

2.2.1 印花装饰工艺

1）水浆印花。水浆是一种水性浆料，印在衣服上手感柔软，但覆盖力不强，只适合印在浅色面料上。此外，水浆印花价格较低，属于较低档的印花种类。但它也因为不会影响面料原有的质感，所以比较适用于大面积的印花图案。水浆印花的特点是手感柔软、色泽鲜艳，在采用此工艺时，水浆颜色要比布色浅；布色较深时，水浆颜色通常无法覆盖布料颜色，因此水浆印花多用于浅色服装（图2-2-1）。

2）胶浆印花。因为胶浆的覆盖力较强，在深色衣服上也能够印上浅色，而且有一定的光泽度和立体感，成衣看起来更加高档，所以胶浆印花得以迅速普及，大多数印花T恤上都会采用胶浆印花。但它有一定硬度，不适合印大面积的图案。大面积的图案最好用水浆来印，同时点缀些胶浆，这样既可以解决大面积胶浆硬的问题，又可以突出图案的层次感（图2-2-2）。

图 2-2-1　水浆印花效果

图 2-2-2　胶浆印花效果

3）厚板浆印花，源于胶浆印花，看起来像反复地印了多层胶浆，它能够实现非常整齐的立体效果，工艺要求比较高，一般的小型作坊很难完成厚板浆印花。图案方面一般采用数字、字母、几何图案、线条等（图2-2-3）。

图 2-2-3　厚板浆印花效果

4）发泡浆印花。发泡浆就是泡起来的浆，是由胶浆转变而来的。先将配好的浆料印在衣料上，经高温机器处理后，图案就会蓬松起泡。发泡浆印花立体感很好，质地软绵，但是衣服经过多次穿着、洗涤之后，立体效果会慢慢消失（图2-2-4）。

图 2-2-4　发泡浆印花效果

5）滴胶印花，是一种比厚板浆印花更有立体感的工艺，一般用来做滴胶章，多用于男装，用于女装时，一般会用来塑造花朵的造型。滴胶印花的牢固度不高，服装经过多次洗涤或者大力撕扯后，滴胶容易脱落（图 2-2-5）。

图 2-2-5　滴胶印花效果

6）热转移印花，即用特殊的印染原料（水性或者油性）把所需的花色图案印刷到特定的纸上，制成带有各种花式的转移印花纸，然后将转移印花纸上印有图案的一面与被印织物密合，经过热和压力的作用，印花纸上的染料升华，转移到被印织物上，在被印织物上形成所需的花色图案。

用于热转移印花的单件热转移印花机与布区热转移印花机如图 2-2-6 和图 2-2-7 所示。

图 2-2-6　单件热转移印花机

图 2-2-7　布匹热转移印花机

热转移印花图案如图 2-2-8 所示。

图 2-2-8　热转移印花图案

7）平网印花，印花模具是固定在方形架上并具有镂空花纹的涤纶或锦纶筛网（花版），花版上花纹处可以透过色浆，无花纹处则以高分子膜层封闭网眼。使用平网印花机（图 2-2-9）印花时，花版紧压织物，花版上盛色浆，用刮刀往复刮压，使色浆透过花纹到达织物表面。平网印花生产效益低，但适应性广、应用灵活，适合小批量、多品种的生产。

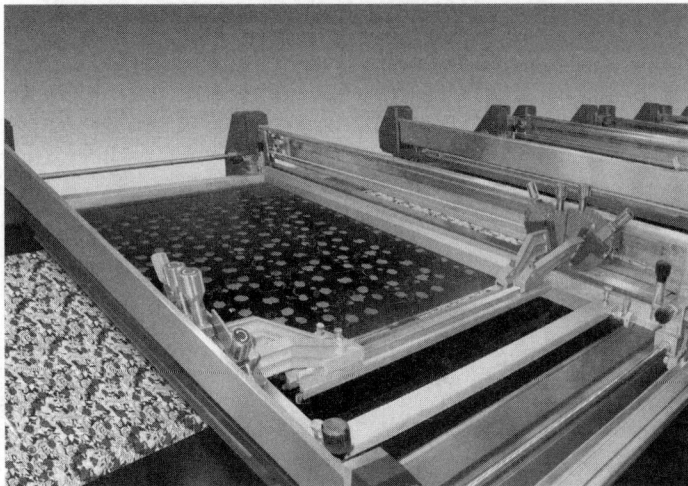

图 2-2-9　平网印花机

8）圆网印花，印花模具是具有镂空花纹的圆筒状镍皮筛网，按一定顺序安装在循环运行的橡胶导带上方，并能与导带同步转动。使用圆网印花机（图 2-2-10）印花时，色浆输入网内，贮留在网底，圆网随导带转动时，紧压在网底的刮刀与花网发生相对刮压，色浆透过网上花纹到达织物表面。圆网印花属于连续加工，生产效率高，兼具热转移印花和平网印花的优点，但是在花纹精细度和印花色泽浓艳度上有一定局限性。

9）数码印花，简单地说就是通过各种数字化手段（如扫描、数字相片、计算机处理等）将各种数字化图案输入计算机，再通过计算机分色印花系统处理，利用专用的光栅图像处理器（raster image processor，RIP）软件通过喷印系统将各种专用染料（活性、分散、酸性主涂料）直接喷印到各种织物或其他介质上，经过相应处理加工后，在各种纺织面料上获得所需的各种高精度的印花产品。数码印花喷绘机如图 2-2-11 所示。

图 2-2-10 圆网印花机

图 2-2-11 数码印花喷绘机

2.2.2 机器绣花设备及装饰工艺

1. 机器绣缝设备

1）计算机花样机（图 2-2-12），适用于在各种手袋、服装、皮具等中缝纫图案。计算机花样机主要用于局部绣章的缝制，常见于童装、T 恤、装饰品。计算机花样机的工作原理是，通过计算机编程的方式将图案形状写入机器，机器根据编程指令在服装上车缝呈现图案（图 2-2-13）。

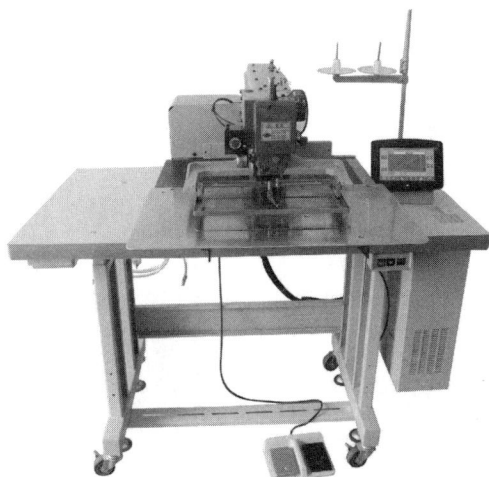

图 2-2-12 计算机花样机

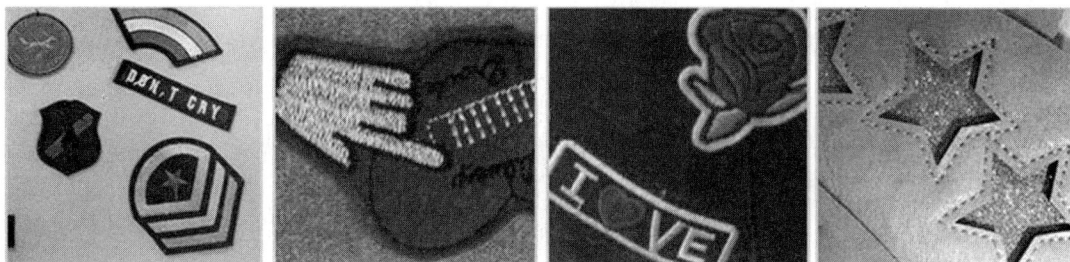

图 2-2-13 计算机花样车缝效果

2）绣花打样机，也称打带机，主要用于绣花样片绣缝，也可用于小作坊的单件服装定制绣花。

目前市面上所见的绣花机种类繁多，规格各异。一般按机头数量，绣花机可分为单头机和多头机，多头机可从 2 头到 24 头；按机针数量，绣花机可分为单针机与多针机，多针机可从 3 针到 12 针。目前所采用的绣花线迹一般为 301 锁式线迹或者 101 链式线迹。

常见的绣花打样机如图 2-2-14 和图 2-2-15 所示。

图 2-2-14　绣花打样机 1

图 2-2-15　绣花打样机 2

2. 计算机绣花工艺

1）平绣，是机器绣花工艺中应用最为广泛的一种绣缝工艺，只要是能用作绣花的材料都可以进行平绣绣缝。平绣图案相对平实（图 2-2-16）。如果需要体现图案的立体感，那么可以采用不同颜色的绣线进行绣缝。

2）立体绣，机器绣缝时在图案所需呈现立体感的部位放入 EVA（ethylene-vinyl acetate，乙烯-醋酸乙烯共聚物）胶，绣花线在 EVA 胶上绣缝，将 EVA 胶包裹后形成立体图案（图2-2-17）。

图 2-2-16　平绣绣缝效果

图 2-2-17　立体绣绣缝效果

3）贴布绣，就是将所需贴入图案的布料裁成图案的形状，再沿布料边缘或者根据图案要求进行绣缝，绣缝针法与平绣针法一样（图 2-2-18）。

4）粗线绣，用较粗的缝线作为绣花线，配合大号针或者大孔针，同时换用粗线旋梭及大号针针板，运用平绣绣缝的方式进行缝制（图 2-2-19）。

5）珠片绣，需要在平绣机的基础上加入珠片绣装置，一般可安装在指定机型机头的第一针或者最后一针处。将直径为 2～12mm 的珠片穿成一条，在加装了珠片绣装置的平绣机上即可完成珠片绣（图 2-2-20）。

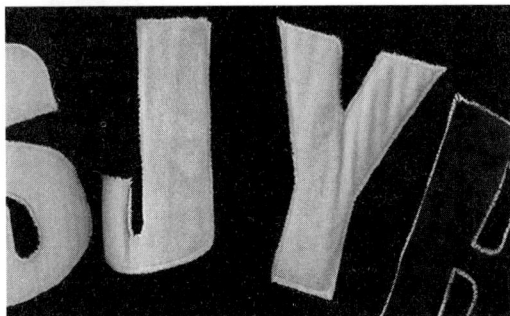

图 2-2-18　贴布绣绣缝效果

图 2-2-19　粗线绣绣缝效果

图 2-2-20　珠片绣绣缝效果

6）牙刷绣，是在普通的绣花过程中，在面料上增加一种具有一定高度的辅料。例如 EVA，刺绣完成后用工具把 EVA 上的绣线修理平整，去除辅料，就形成了竖立的牙刷形状的绣花（图 2-2-21）。

图 2-2-21　牙刷绣绣缝效果

项目实践

1. 根据所学手工装饰工艺技法，设计并制作一款围裙，要求至少采用 5 种手工装饰工艺针法并组合成图案。

2. 3～5 人为一组，利用周末或其他节假日，找到附近的印花厂、绣花厂进行深入学习与实践，并将学习与实践过程中所搜集的最新印花、绣花工艺拍照整理成 PPT 进行实践汇报。

读书笔记

模块 **2**
技术运用与专项训练

　　服装生产是对服装材料进行再造的过程，从早期使用骨针、筋线将兽皮、树叶缝合成片包裹身体开始，到现在使用数控缝纫机、计算机控制专用缝纫机的服装工业化生产，服装生产已由原始形态发展为现代化、工业化的产业。纵观世界各国的服装生产工业化历程，缝纫机的演变基本都经历了脚踏式缝纫机、电动缝纫机、电子缝纫机、全自动缝纫机四个阶段。近年来，我国服装工业化生产取得了很大进步，在生产形态和高科技自动化设备等方面都有了新进展，服装生产方式逐渐由劳动密集型向知识、技术密集型转化。服装成衣的生产品类不同，方法及生产流程也不一样，因此，能否科学、合理地制定生产流程将直接影响生产效率与质量的高低。不同的服装产品及生产管理方式，对服装生产的过程及工序的安排会有一定的影响，但整体来说，服装生产大致可分为物料准备、面辅料裁剪、产品缝制、后整包装四个部分。

　　本模块基于服装工艺师工作岗位，介绍裙装、裤装、上衣、夹克及大衣的成衣制作方法，加强学生工艺流程设计与编制的能力，提高学生的服装生产专业技能水平，增强学生的团队合作意识，为适应服装企业生产、提升服装企业生产效率打下基础。

项目 3

裙装缝制工艺

教学目的

　　本项目以裙装缝制为工作载体，通过介绍裙装部件缝制的方法，引导学生了解裙装成衣制作的方法与流程，并学会将裙装缝制的方法与技巧应用到生产实践中，加强学生对裙装生产流程的认识与理解。同时，让学生了解现代服装工艺技术和新工艺的应用情况及发展趋势，能够组织安排常见服装的缝制工序和流水线排布；引导学生理论联系实际、活学活用，提高实际应用技能，并养成善于沟通、独立思考的习惯。另外，通过在教学过程中介绍实际开发所需的规范要求，增强学生的职业道德和职业素质，使学生能进行良好的团队合作，为以后从事相关领域的工作打下坚实的基础。

教学方式

　　教师可采取理论讲解、示范演示与实践训练相结合的教学方式，根据教材内容及学生具体情况灵活确定训练内容，培养学生的动手能力。

任务 3.1 裙装部件缝制工艺

3.1.1 裙衩工艺

1. 款式图

裙衩款式图如图 3-1-1 所示。

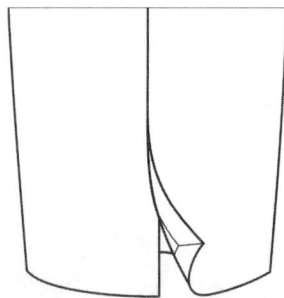

图 3-1-1 裙衩款式图

2. 缝制步骤

（1）不挂里裙衩

1）进行布料裁剪，不挂里裙衩裁片图如图 3-1-2 所示。

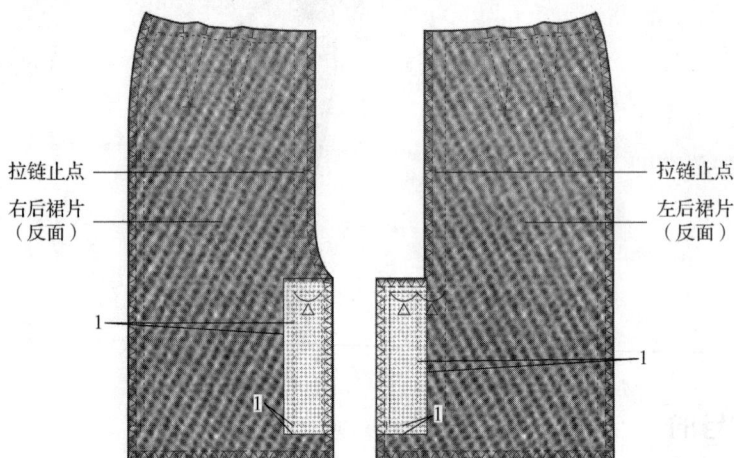

图 3-1-2 不挂里裙衩裁片图（单位：cm）

2）如图 3-1-3 所示，将左后裙片裙衩部分折转，在裙摆净样线处缝制，右后裙片沿后中线与下摆线形成的 45°夹角对折，以后中线与下摆线的交点为起点垂直对折线进行缝制。

3）如图 3-1-4 所示，将左右后裙片衩角翻转，左右后裙片后中线对齐，自拉链止点向裙摆方向缝制，起始需回针。

4）如图 3-1-5 所示，将左右后裙片的后中线分缝熨烫，在左后裙片衩位转角处打剪口，将裙衩里襟上端及里襟与下摆重叠处用手针缲缝固定。

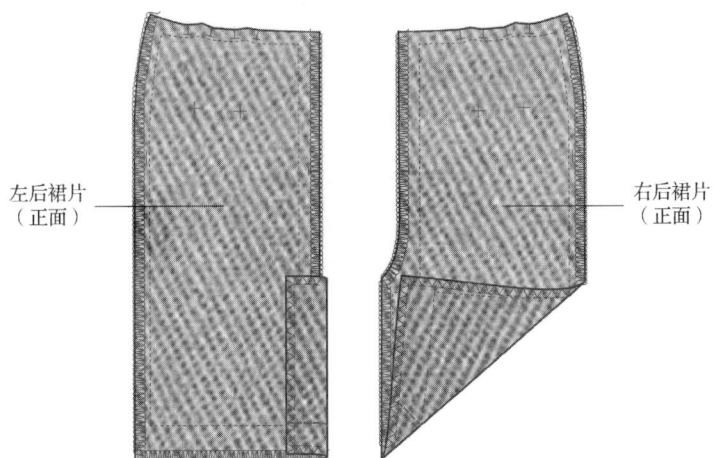

图 3-1-3 衩角缝制

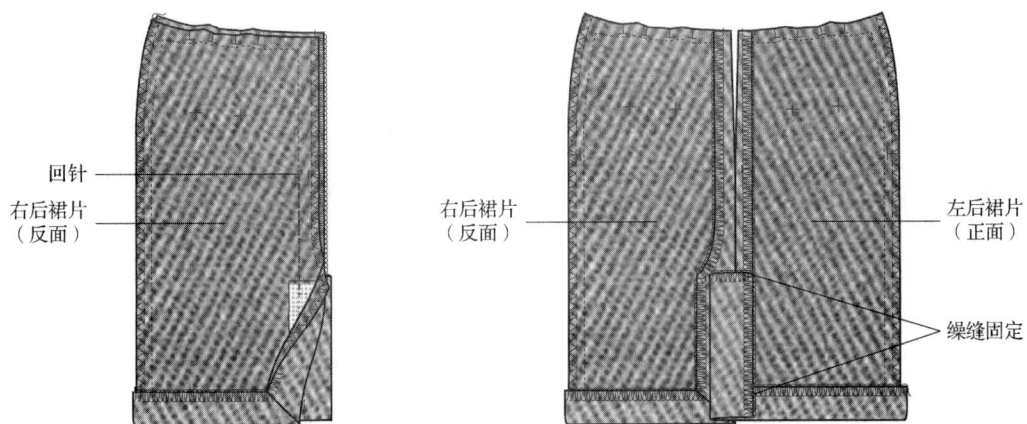

图 3-1-4 缝制后中线

图 3-1-5 分缝熨烫后中线

（2）挂里裙衩

1）进行布料裁剪，挂里裙衩裁片图如图 3-1-6 所示。

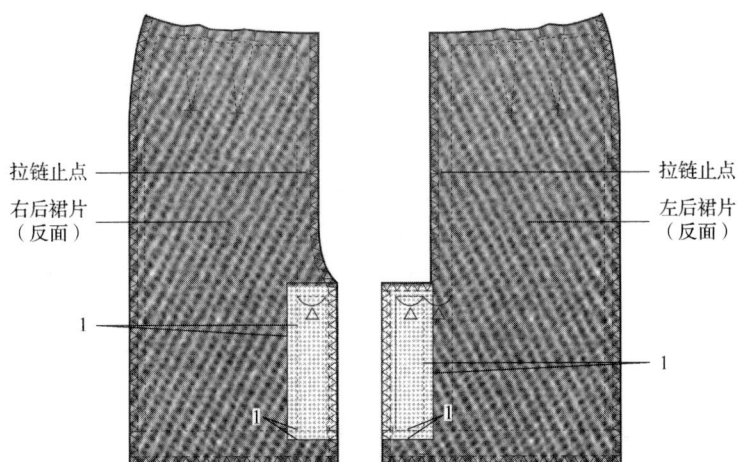

图 3-1-6 挂里裙衩裁片图（单位：cm）

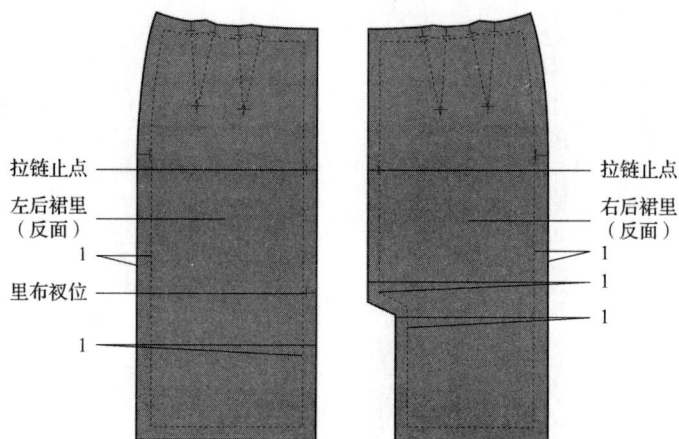

图 3-1-6（续）

2）挂里裙衩面料做法与不挂里面料做法一致，裙衩里襟不需要手针缲缝。如图 3-1-7 所示，将里襟与门襟衩位的缝份呈斜角缝合固定。

3）如图 3-1-8 所示，将左右后裙片里料中线对齐，自拉链止点向衩位转角缝合，起始回针。

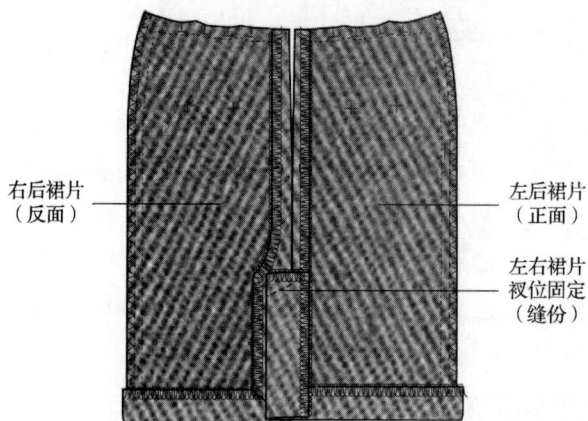

图 3-1-7　固定衩位

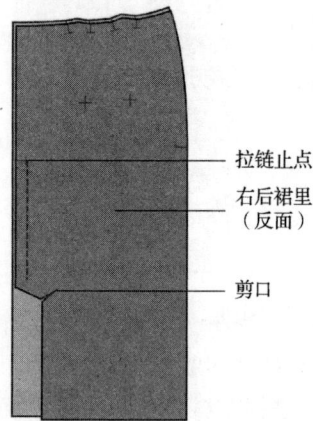

图 3-1-8　缝合里料中线

4）里料下摆根据要求卷边缝合。如图 3-1-9 所示，将后中缝分缝熨烫，衩位按缝份宽度折转熨烫收光。

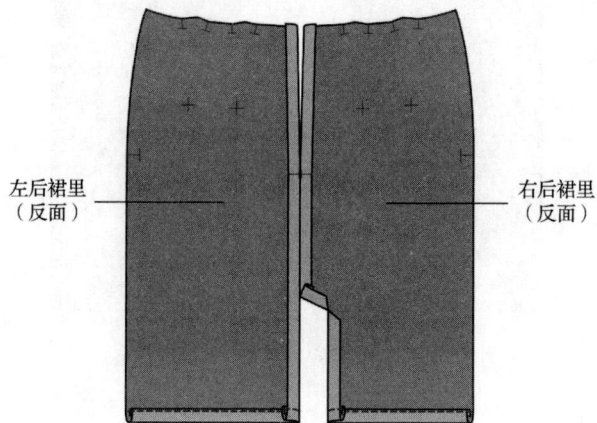

图 3-1-9　熨烫里料衩位

5）如图 3-1-10 所示，将里料与面料反面对反面贴齐，衩位用手针绗缝固定，再沿衩位边缘用手针缲缝固定。

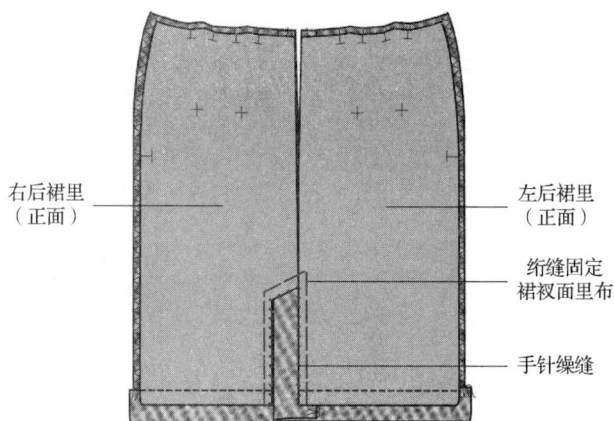

右后裙里
（正面）

左后裙里
（正面）

绗缝固定
裙衩面里布

手针缲缝

图 3-1-10 固定衩位

3.1.2 拉链工艺

1. 款式图

普通拉链如图 3-1-11 所示，隐形拉链如图 3-1-12 所示。

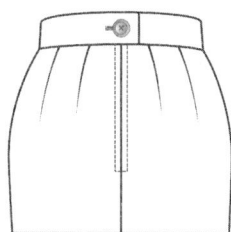

图 3-1-11 普通拉链

图 3-1-12 隐形拉链

裙子拉链工艺

2. 缝制步骤

先进行布料裁剪，裁片图如图 3-1-13 所示。

（1）普通拉链

1）如图 3-1-14 所示，将后裙片正面与正面相对，沿后中净样线缝合，装拉链处采用最大针距，拉链以下采用正常针距。

2）如图 3-1-15 所示，将后中缝分缝熨烫，拉链齿与后中线对齐，拉链边与裙片中线缝合。

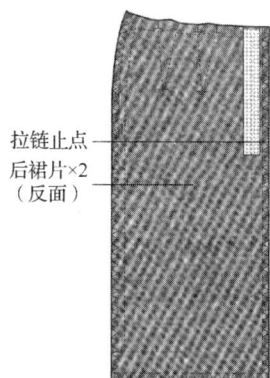

拉链止点
后裙片×2
（反面）

大针距
倒针
后裙片
（反面）

0.5
后裙片
（反面）

后裙片
（反面）

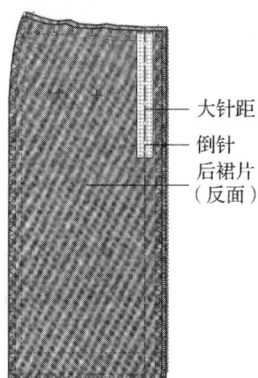

图 3-1-13 裁片图   图 3-1-14 缝合裙片后中线   图 3-1-15 缝合拉链（单位：cm）

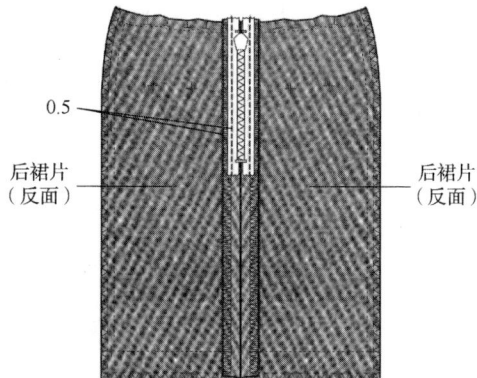

3）如图 3-1-16 所示，将拉链开口处缝合的大针距线迹拆除，在裙片正面以后中线为基准线，沿拉链周围缉压 0.8～1cm 明线。

（2）隐形拉链

隐形拉链缝制与普通拉链缝制基本一致，将拉链固定在后中缝份上后，将拉链开口处大针距线迹拆除。如图 3-1-17 所示，将拉链拉开，借助隐形拉链专用压脚或者单边压脚，将拉链齿掰开，然后紧贴拉链齿边缘缝合。

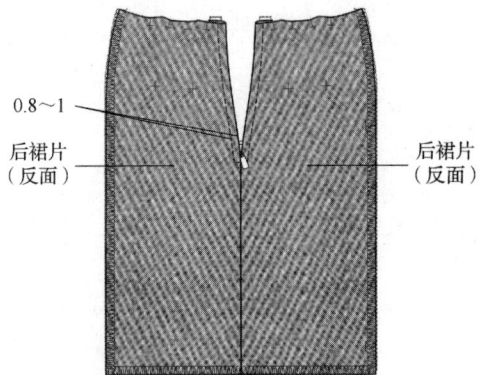

0.8～1

后裙片（反面）　后裙片（反面）

隐形拉链压脚车缝

后裙片（反面）

图 3-1-16　缉压明线（单位：cm）　　图 3-1-17　缝合隐形拉链

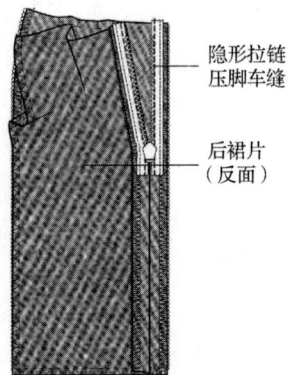

3.1.3　腰头工艺

1. 款式图

腰头款式图如图 3-1-18 所示。

2. 缝制步骤

先进行布料裁剪，腰头裁片图如图 3-1-19 所示。

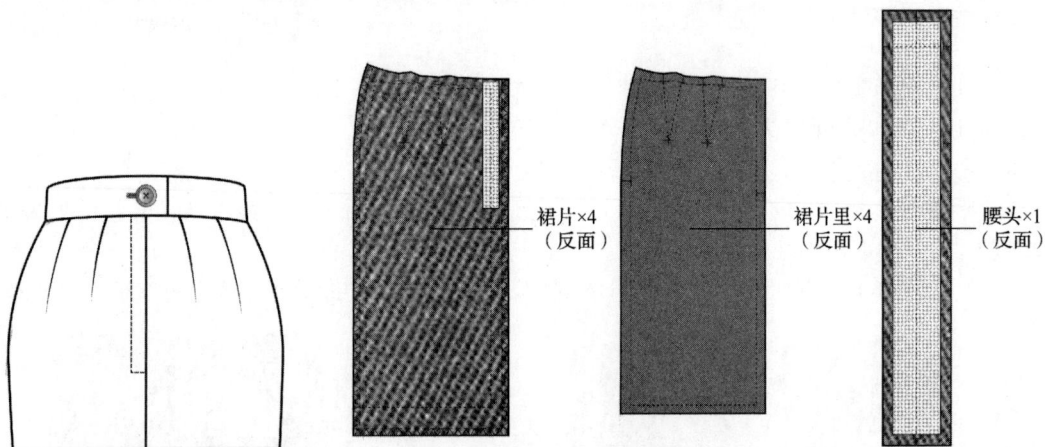

裙片×4（反面）　裙片里×4（反面）　腰头×1（反面）

图 3-1-18　腰头款式图　　图 3-1-19　腰头裁片图

1）如图 3-1-20 所示，将腰头里沿净样线折转 1cm 熨烫。

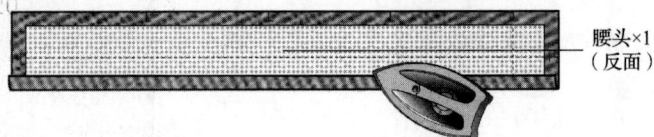

腰头×1（反面）

图 3-1-20　腰头里折转熨烫

2）如图 3-1-21 所示，沿腰头裁片中线折转熨烫。

图 3-1-21　沿腰头裁片中线折转熨烫

3）如图 3-1-22 所示，将腰头面沿净样线包住腰头里折转熨烫。

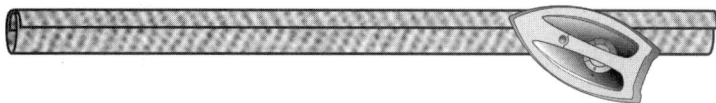

图 3-1-22　腰头面折转熨烫

4）如图 3-1-23 所示，将腰头正面与裙子面料正面相对，腰头的对位点与裙片各部位一一对应，腰头与裙身按 1cm 缝份进行缝合。

5）如图 3-1-24 所示，将腰头门襟 3cm 缝合，里襟沿拉链缝合。

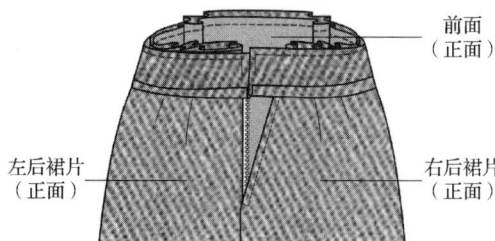

图 3-1-23　缝合腰头

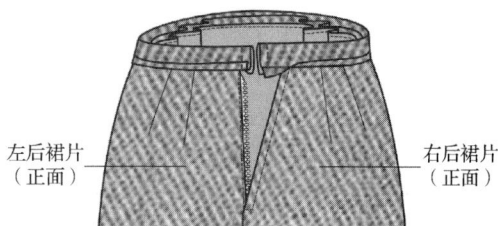

图 3-1-24　缝合腰头两端

6）如图 3-1-25 所示，将腰头翻转，沿腰头与裙身缝合的拼缝缉压明线，确保缝线隐藏于缝隙中，同时压住腰头里边缘。

腰头里缝合也可采用手针缲缝固定的方式，如图 3-1-26 所示。

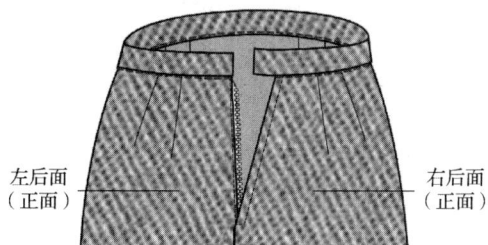

图 3-1-25　固定腰头缉线

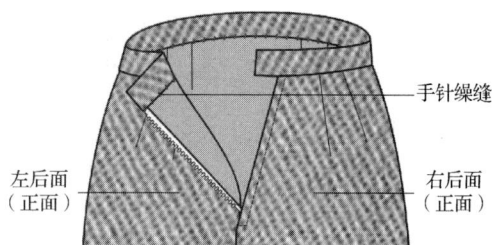

图 3-1-26　采用手针缲缝缝合腰头里

任务 3.2　A 字裙缝制工艺

3.2.1　款式图

A 字裙款式图如图 3-2-1 所示。

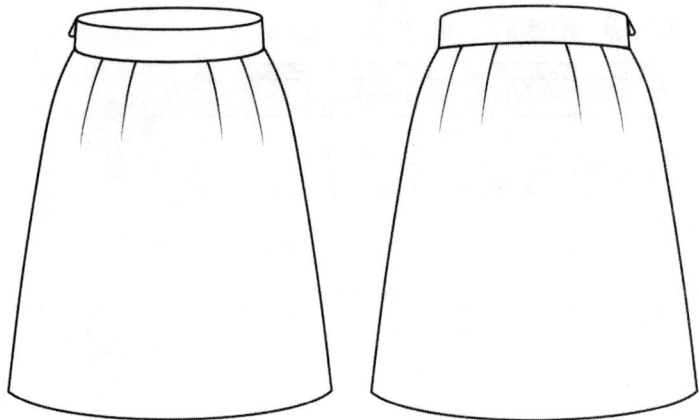

图 3-2-1　A 字裙款式图

3.2.2　结构纸样

1. 尺寸表

160/66A 号型 A 字裙各部位尺寸表如表 3-2-1 所示。

表 3-2-1　160/66A 号型 A 字裙各部位尺寸表　　　　单位：cm

部位	裙长（L）	腰围（Q）	臀围（H）	臀高	腰头宽
尺寸	54	68	94	18	3.5

2. 结构图

A 字裙结构图如图 3-2-2 所示。

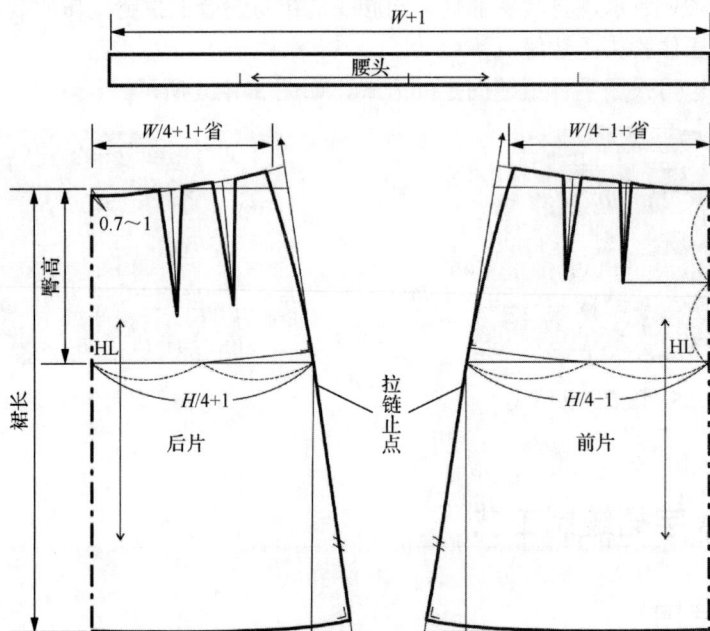

图 3-2-2　A 字裙结构图（单位：cm）

3. 纸样图

A 字裙纸样图如图 3-2-3 所示。

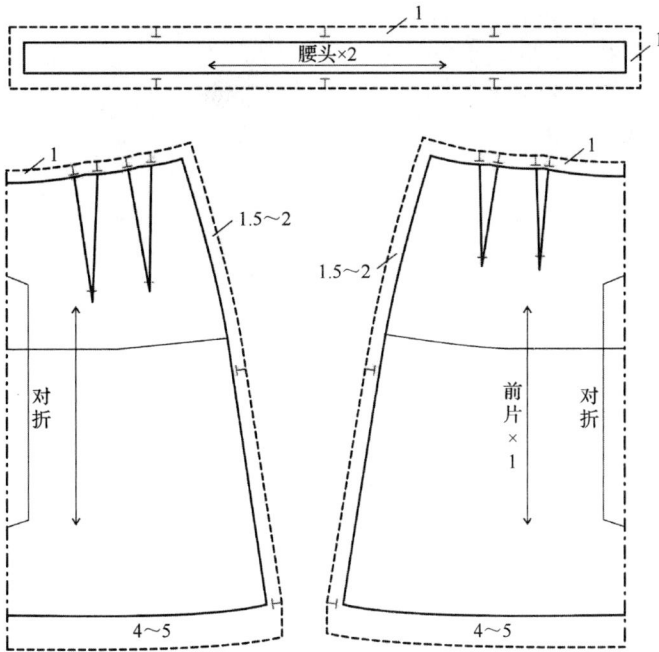

图 3-2-3　A 字裙纸样图（单位：cm）

3.2.3　缝制步骤

A 字裙布料裁剪图如图 3-2-4 所示。

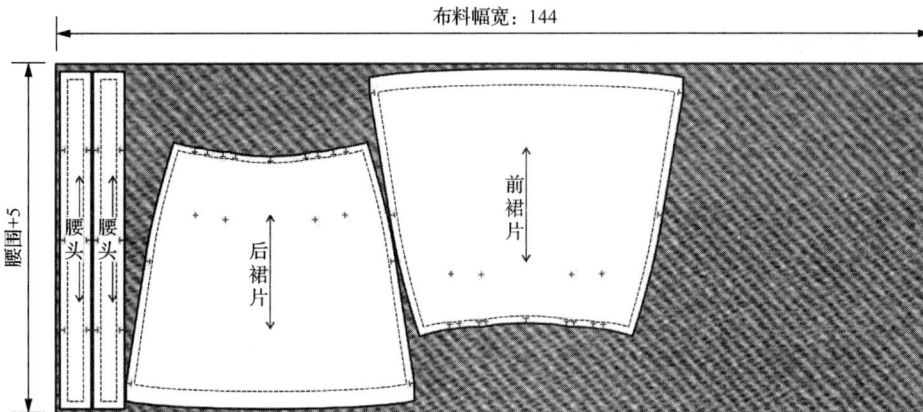

图 3-2-4　A 字裙布料裁剪图（单位：cm）

缝制步骤如下。

1）根据裁片省道剪口位置及省尖点钻孔位置，缝合前后裙片省道，如图 3-2-5 所示。完成效果如图 3-2-6 所示。

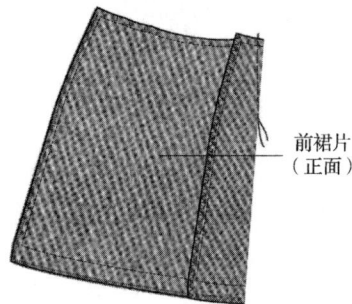

图 3-2-5　省道缝合方法示意

图 3-2-6 前后裙片省道缝合完成效果

2）如图 3-2-7 所示，将前后裙片正面与正面相对，左侧缝从腰口至底摆沿净样线缝合，右侧缝从拉链止点向底摆缝合。

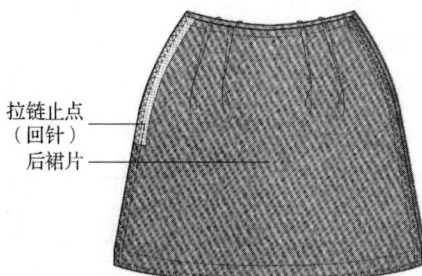

拉链止点
（回针）

后裙片

图 3-2-7 缝合侧缝

3）腰头面与腰头里正面与正面相对缝合上腰口线。如图 3-2-8 所示，将缝份往腰头里坐倒熨烫，沿腰头面下腰口线净样线折烫 1cm，再将腰头里折转 1cm 包裹腰头面熨烫。

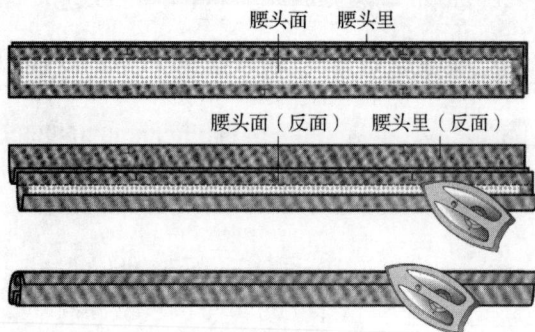

腰头面 腰头里

腰头面（反面） 腰头里（反面）

图 3-2-8 缝合腰头

4）如图 3-2-9 所示，将腰头面与裙身正面与正面相对，腰头剪口与裙身剪口一一对应，腰头与裙身缝合。

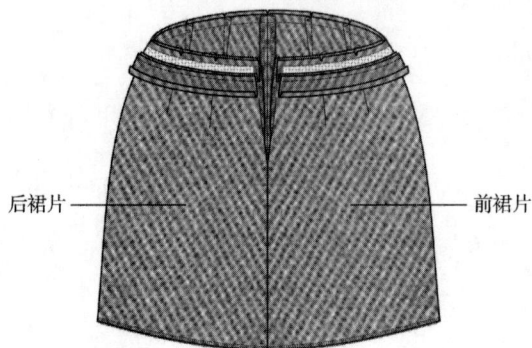

后裙片

前裙片

图 3-2-9 绱腰

5）如图 3-2-10 所示，将隐形拉链装在裙身右侧，与裙子部件隐形拉链的缝制方法相同。装拉链的起点位置在腰头面与腰头里缝合的分割线处。

6）如图 3-2-11 所示，腰头里用手针缲缝固定，下摆沿净样线折转熨烫，用三角针手缝固定。

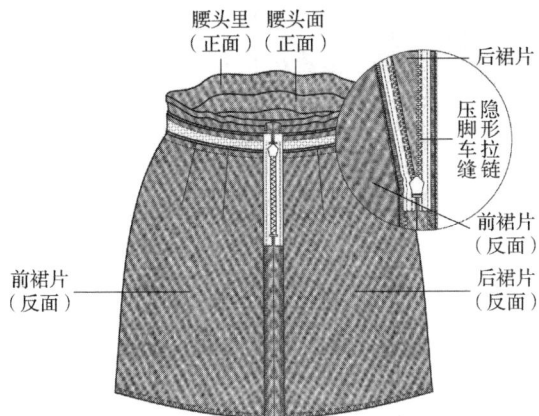

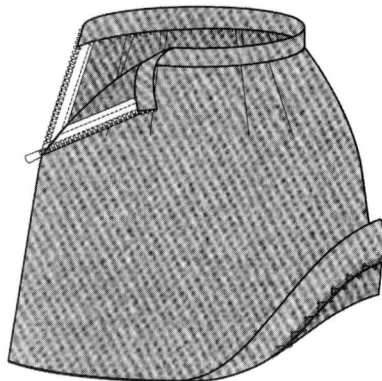

图 3-2-10　装拉链　　　　　　　　　图 3-2-11　固定腰头里、下摆

任务3.3　西服裙缝制工艺

3.3.1　款式图

西服裙款式图如图 3-3-1 所示。

图 3-3-1　西服裙款式图

3.3.2　结构纸样

1. 尺寸表

160/66A 号型西服裙各部位尺寸表如表 3-3-1 所示。

表 3-3-1　160/66A 号型西服裙各部位尺寸表　　　　　　　　　单位：cm

部位	裙长（L）	腰围（W）	臀围（H）	臀高	腰头宽
尺寸	60	68	92	18	3.5

2. 结构图

西服裙结构图如图 3-3-2 所示。

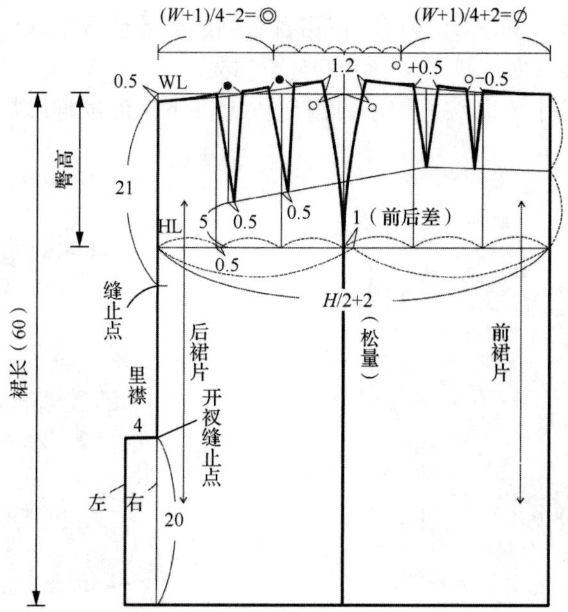

图 3-3-2 西服裙结构图（单位：cm）

3. 裁片图

西服裙裁片图如图 3-3-3 所示。

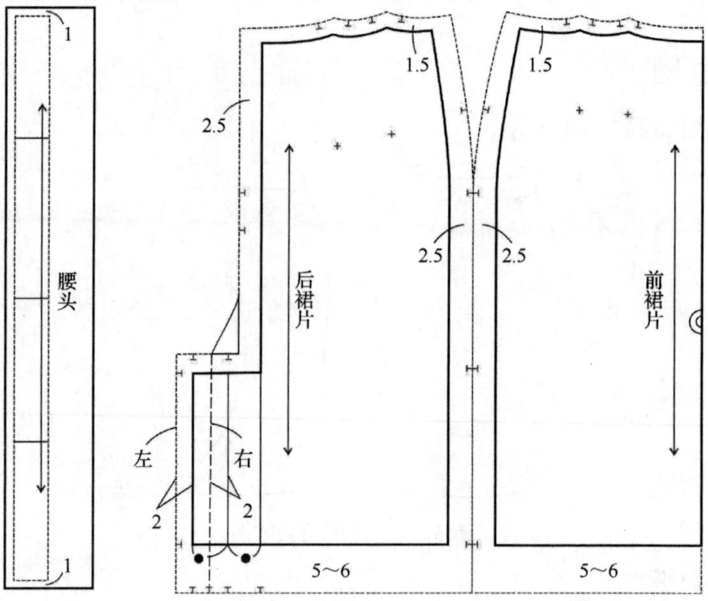

图 3-3-3 西服裙裁片图（单位：cm）

3.3.3 缝制步骤

先进行布料裁剪。

1）布料裁剪图如图 3-3-4 所示。

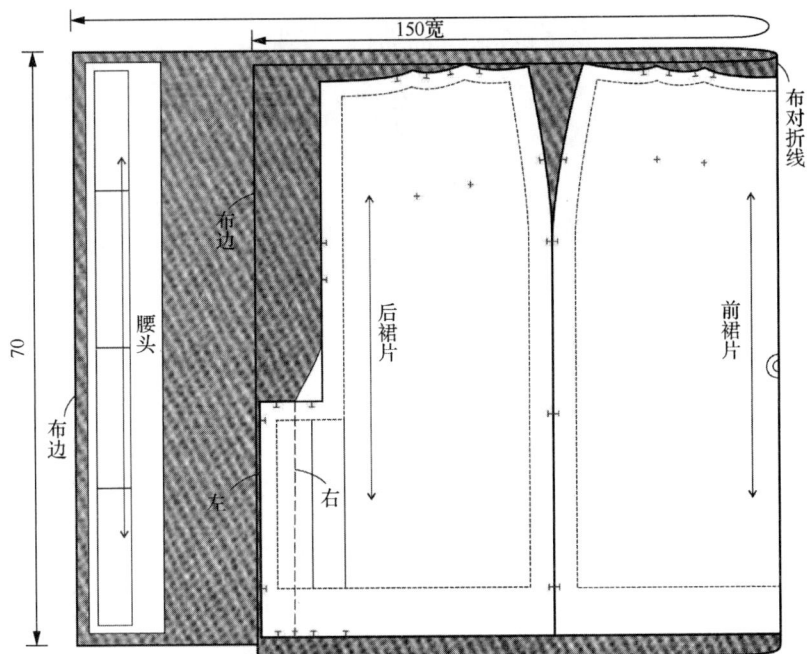

图 3-3-4 布料裁剪图（单位：cm）

2）里料裁剪图如图 3-3-5 所示。

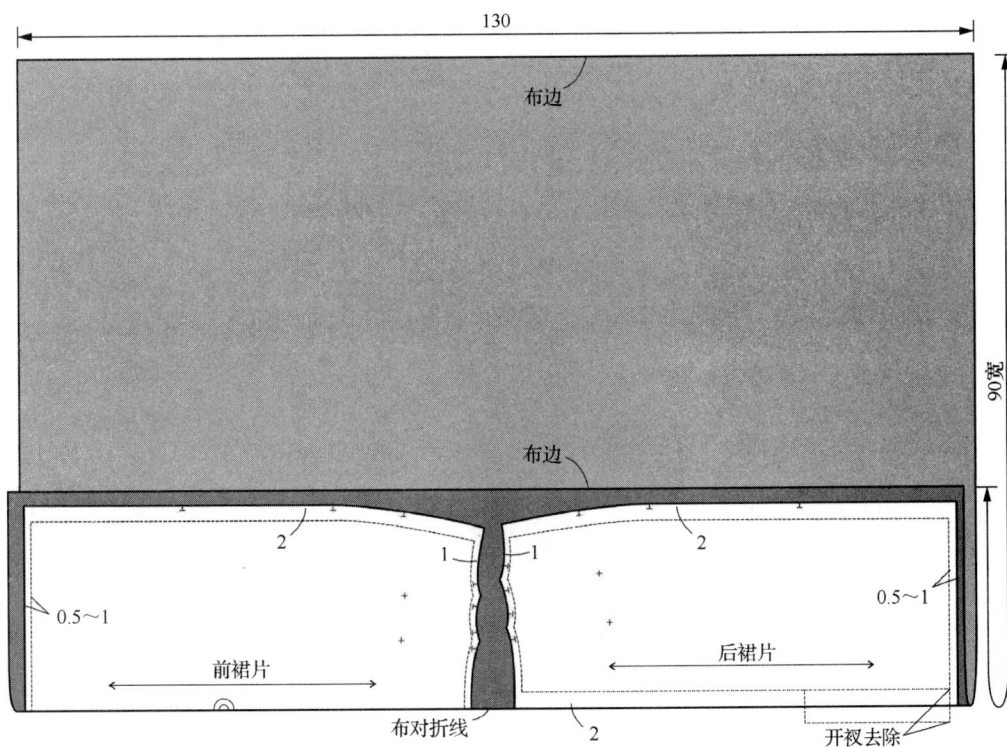

图 3-3-5 里料裁剪图（单位：cm）

具体的缝制步骤如下。

1）缝合省道（图 3-3-6），根据裁片省道剪口位置及省尖点钻孔位置，布料正面与正面相对缉合省道，省尖处需保留一定的长度，以便缝线打结。

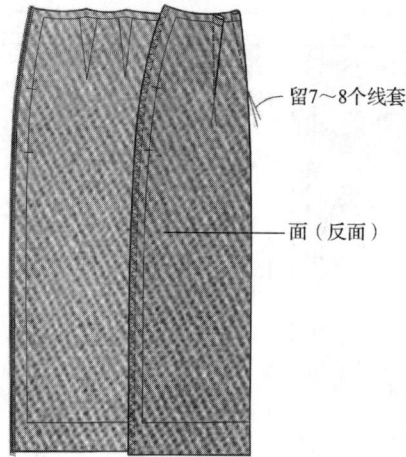

留7~8个线套

面（反面）

图 3-3-6　缝合省道

2）左右后裙片正面与正面相对拼合后中缝（图 3-3-7），拉链止点以上采用大针距缝合，拉链止点以下采用正常针距缝合，缝至裙衩转折点为止，在左后裙片转角处打剪口。

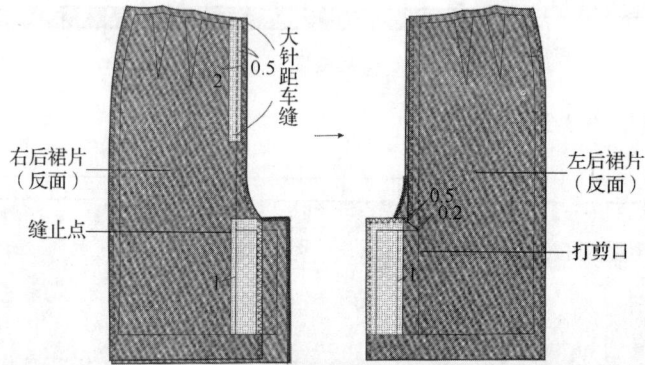

大针距车缝

右后裙片
（反面）

左后裙片
（反面）

缝止点

打剪口

图 3-3-7　缝合裙片后中缝（单位：cm）

3）后中缝分缝熨烫，剪掉裙衩里襟多余部分，里襟沿中线折转（图 3-3-8）。

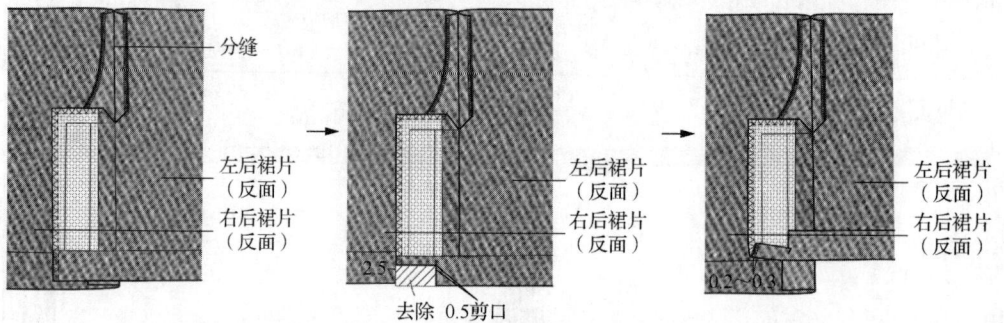

分缝

左后裙片
（反面）

右后裙片
（反面）

左后裙片
（反面）

右后裙片
（反面）

去除 0.5剪口

左后裙片
（反面）

右后裙片
（反面）

图 3-3-8　裙衩里襟沿中线折转

4）门襟里襟缝份斜角固定，将裙衩门襟部分多余量同里襟一样剪掉，裙衩门襟折转（图 3-3-9）。

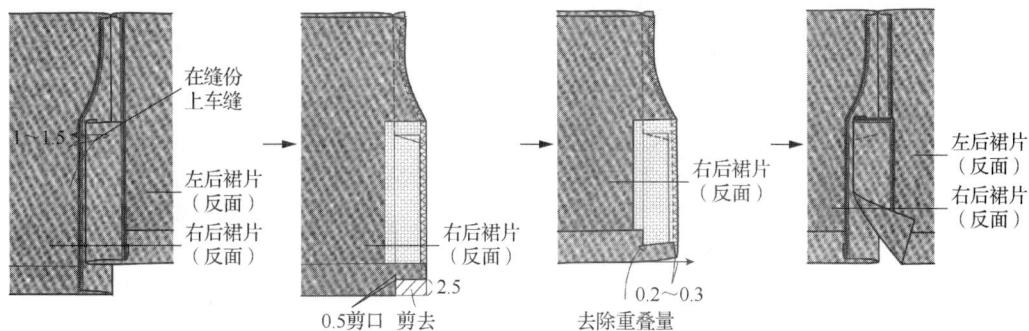

在缝份上车缝

1.15

左后裙片（反面）

右后裙片（反面）

0.5剪口　剪去

2.5

右后裙片（反面）

右后裙片（反面）

去除重叠量

0.2～0.3

左后裙片（反面）

右后裙片（反面）

图 3-3-9　裙衩门襟折转（单位：cm）

5）将拉链放置在后中缝上，两边分别与左右裙片后中缝缝合，将后裙片与前裙片的正面与正面相对，缝合左右侧缝（图 3-3-10）。

6）缝合左右裙片里料后中缝，自拉链止点缝至衩位转角处，后裙里与前裙里的正面与正面相对，缝合侧缝（图 3-3-11）。

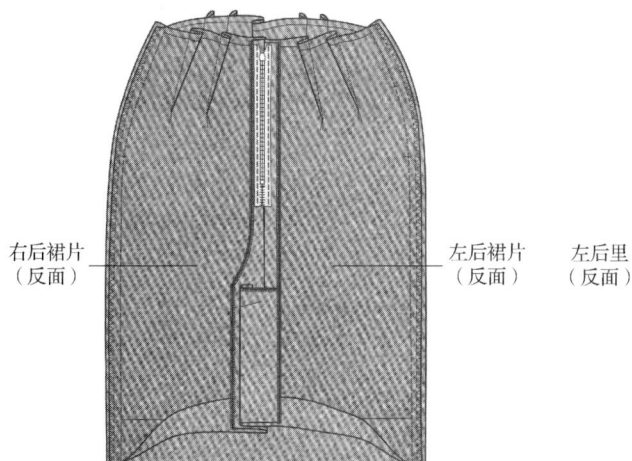

右后裙片（反面）

左后裙片（反面）

图 3-3-10　缝合左右侧缝

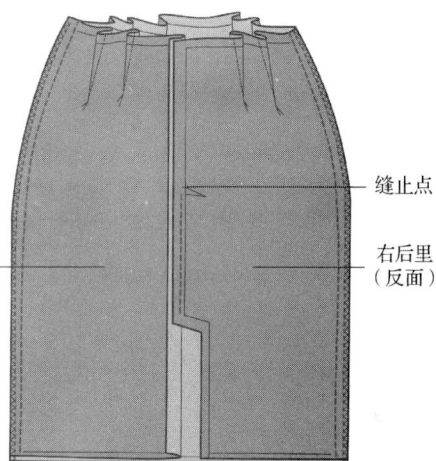

缝止点

左后里（反面）

右后里（反面）

图 3-3-11　缝合里料后中缝

7）将裙里侧缝缝份往前里折转熨烫，熨烫时预留一定的活动褶量（图 3-3-12）。

8）将裙里后中缝装拉链处缝份折转熨烫（图 3-3-13），裙摆缝份折转车缝，裙衩缝份折转熨烫。

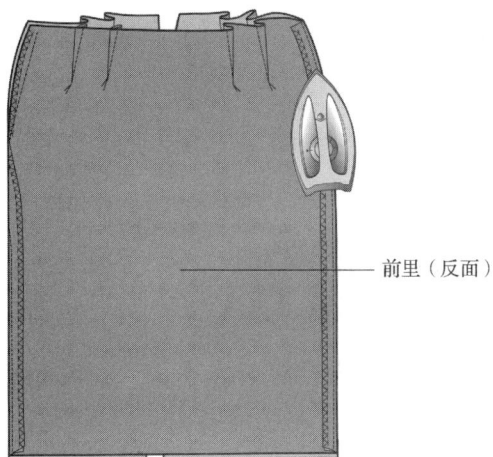

前里（反面）

图 3-3-12　折转熨烫裙里侧缝缝份

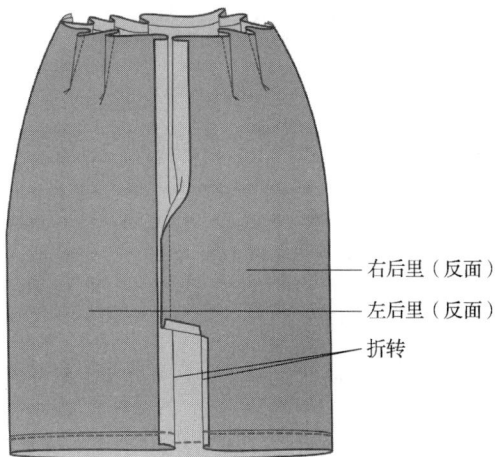

右后里（反面）

左后里（反面）

折转

图 3-3-13　折转熨烫裙里后中缝装拉链处缝份

9）将裙里侧缝缝份与前裙片侧缝缝份在距离下摆 13～15cm 处用大头针固定（图 3-3-14），手针绗缝。

10）车缝面里料侧缝缝份（图 3-3-15），固定里料。

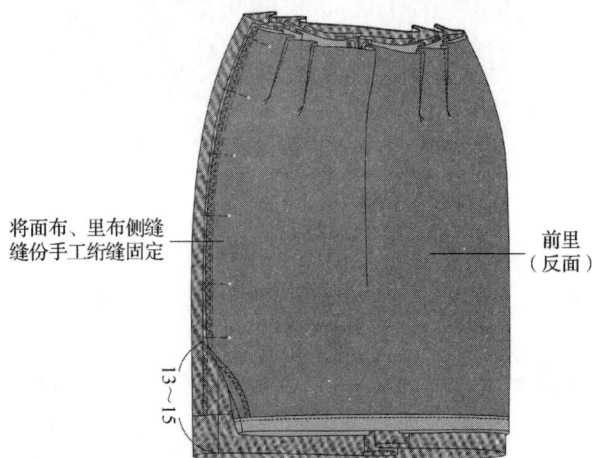

将面布、里布侧缝
缝份手工绗缝固定

前里
（反面）

前里
（反面）

13～15

图 3-3-14　固定面里料侧缝（单位：cm）　　　图 3-3-15　车缝面里料侧缝缝份

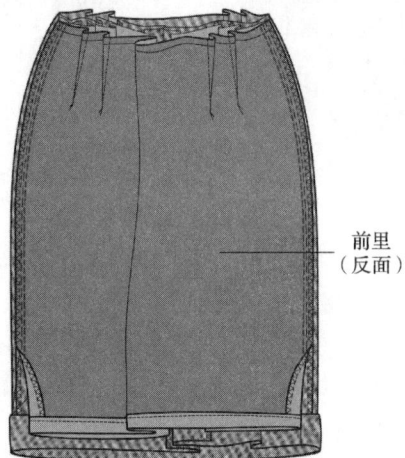

11）将里料翻转，正面朝外，根据拉链位置，用手针绗缝固定面里料，用手针缲缝固定衩位（图 3-3-16）。

12）腰头里折转 1cm，缉缝 0.2cm 明线，将腰头衬覆盖在腰头里上，沿边缘缉缝两条 0.15～0.2cm 的明线，沿腰头中线折转熨烫，将腰头里折边用画粉画出标记（图 3-3-17）。

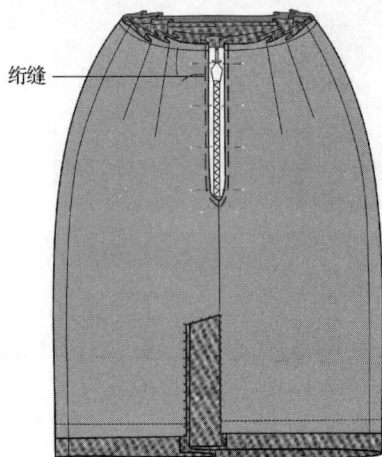

绗缝

图 3-3-16　固定拉链、裙衩

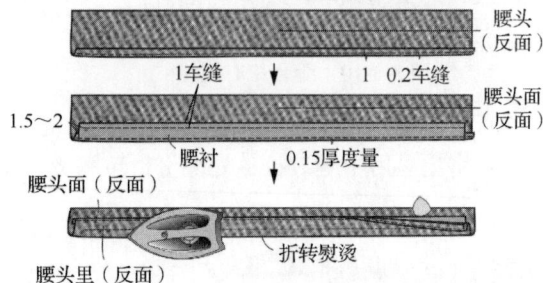

腰头
（反面）

1车缝　　1　0.2车缝

腰头面
（反面）

1.5～2

腰衬　　0.15厚度量

腰头面（反面）

折转熨烫

腰头里（反面）

图 3-3-17　做腰头（单位：cm）

13）腰头正面与裙身正面相对，对齐对位剪口，沿腰口缉缝一周，在腰头两端缉缝固定（图 3-3-18）。

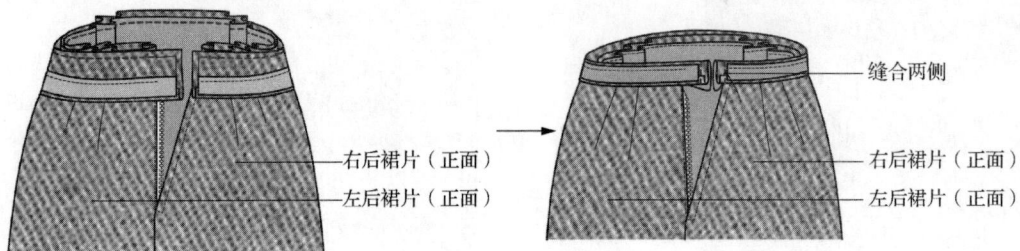

缝合两侧

右后裙片（正面）

左后裙片（正面）

右后裙片（正面）

左后裙片（正面）

图 3-3-18　绱腰头

14）腰头里用手针缲缝固定，裙里与裙面在下摆侧缝处用手针拉线袢固定（图 3-3-19）。

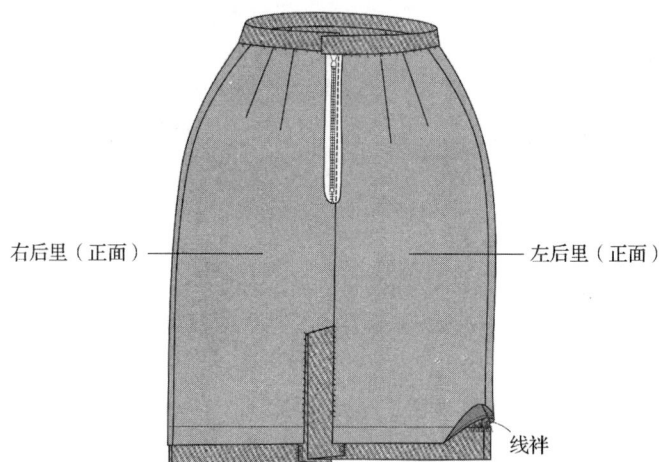

图 3-3-19 缲缝腰头

连衣裙缝制工艺

3.4.1 款式图

连衣裙款式图如图 3-4-1 所示。

图 3-4-1 连衣裙款式图

3.4.2 结构纸样

1. 尺寸表

160/84A 号型连衣裙各部位尺寸表如表 3-4-1 所示。

表 3-4-1 160/84A 号型连衣裙各部位尺寸表 单位：cm

部位	衣长（L）	胸围	腰围（W）	臀围（H）	袖长（SL）	袖口（CW）	腰带宽
尺寸	100	94	76	98	58	22	3

2. 结构图

连衣裙结构图如图 3-4-2 所示。

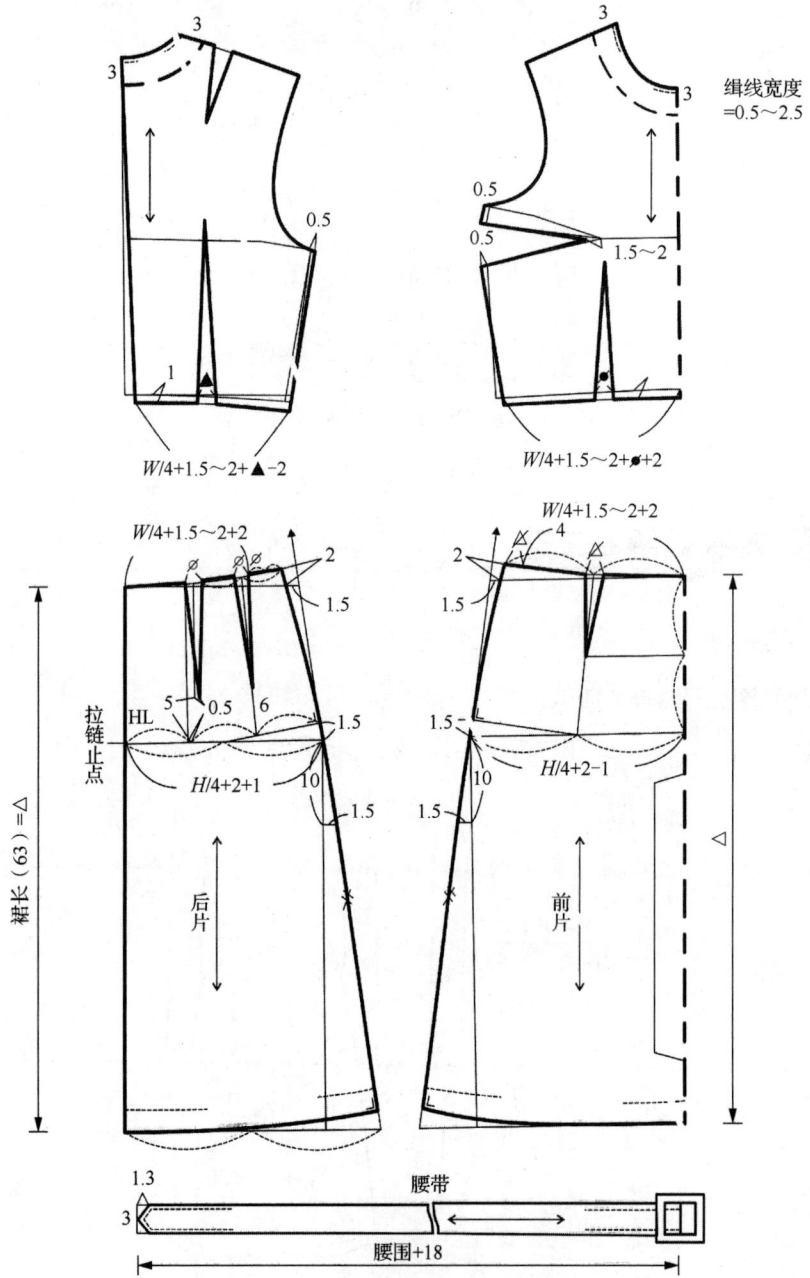

缉线宽度
=0.5～2.5

$W/4+1.5～2+▲-2$

$W/4+1.5～2+♣+2$

$W/4+1.5～2+2$

$W/4+1.5～2+2$

HL

拉链止点

裙长（63）=△

后片

前片

$H/4+2+1$

$H/4+2-1$

1.3

腰带

腰围+18

图 3-4-2　连衣裙结构图（单位：cm）

3. 纸样图

连衣裙纸样图如图 3-4-3 所示。

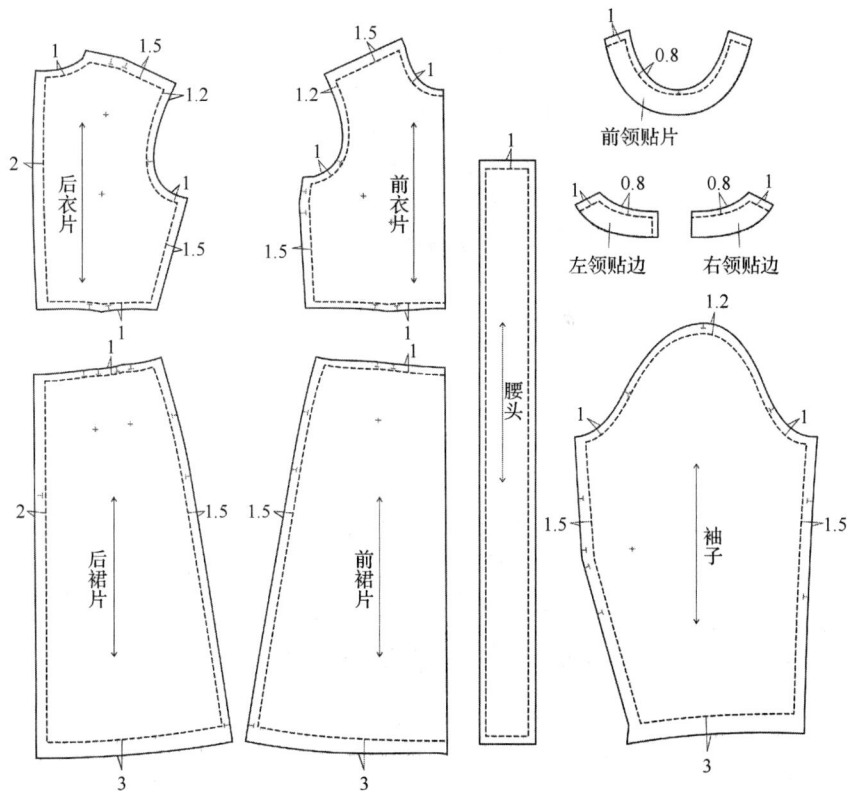

图 3-4-3　连衣裙纸样图（单位：cm）

3.4.3　缝制步骤

先进行布料裁剪，连衣裙布料裁剪图如图 3-4-4 所示。

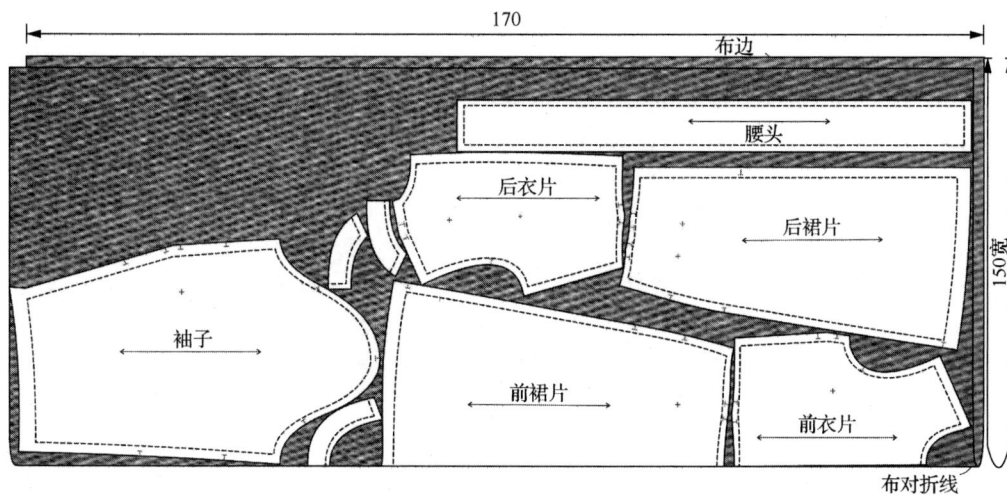

图 3-4-4　连衣裙布料裁剪图（单位：cm）

具体的缝制步骤如下。

1）根据款式需求，对相应裁片进行粘衬，对相关缝边进行锁边处理（图3-4-5）。

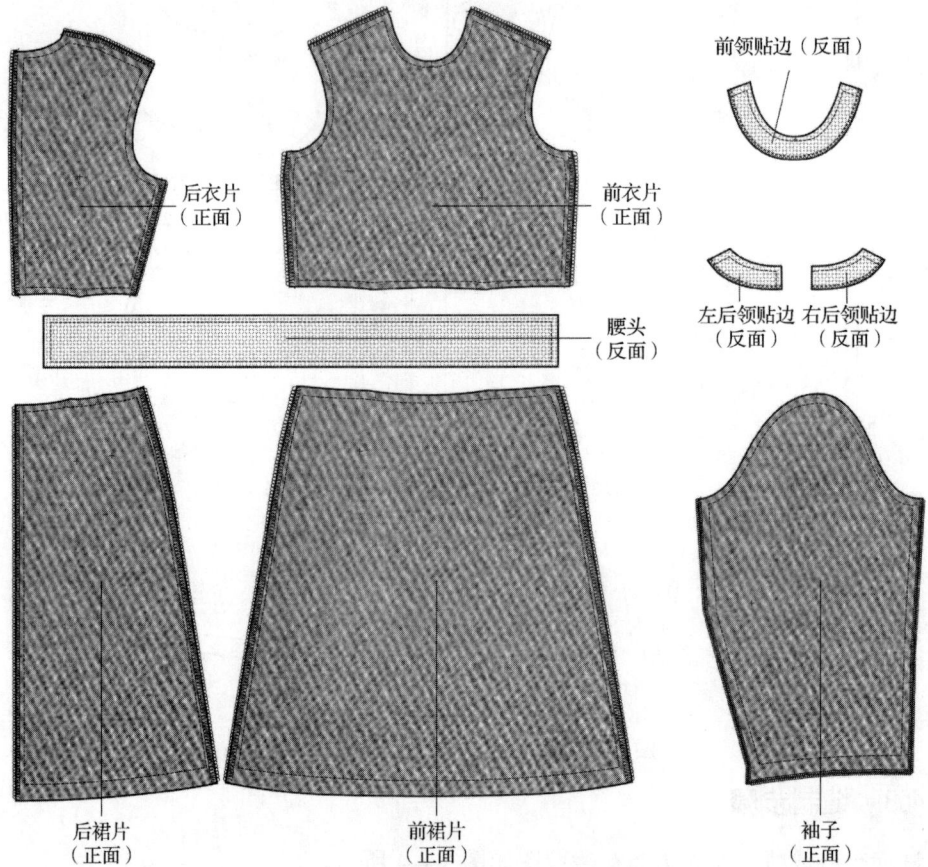

图 3-4-5　对裁片进行粘衬、锁边

2）前衣片胸省、腰省缝合，胸省倒向腰部，腰省倒向前中，熨烫定型（图3-4-6）。

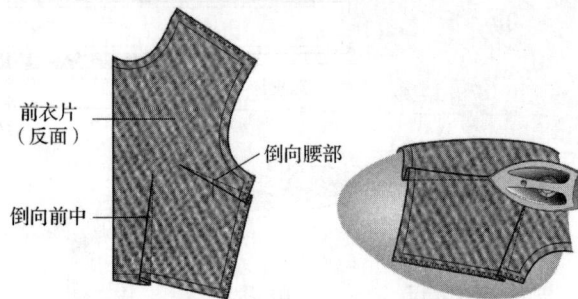

图 3-4-6　缝合前衣片省道

3）缝合前后领贴，将领贴正面与前衣身领口正面相对，缝合1cm，对领口缝份进行剪口处理（图3-4-7）。

4）前后衣片正面与正面相对，平缝缝合肩缝，缝份分缝熨烫（图3-4-8）。

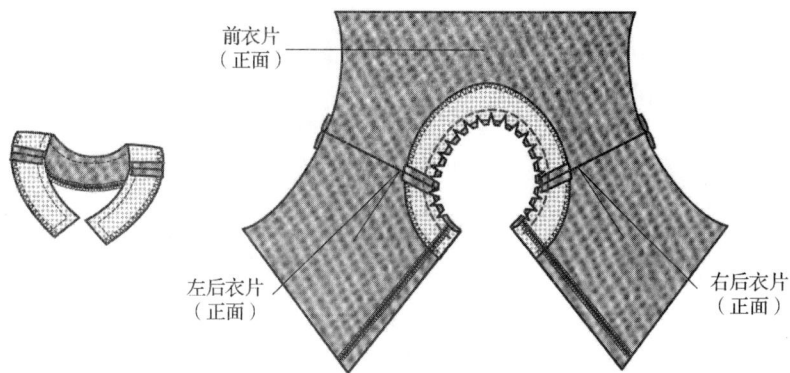

图 3-4-7　缝合领口贴边

图 3-4-8　缝合肩缝

5）领口贴边翻转到衣身反面，虚边熨烫。前后衣片侧缝平缝缝合，缝份分缝熨烫（图3-4-9）。

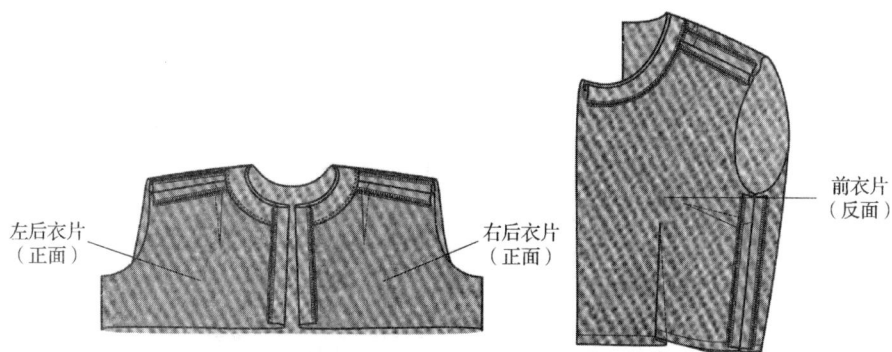

图 3-4-9　熨烫领口贴边

6）袖肘省缝合，省道往袖口倒缝。在袖山头距离毛边 0.5cm 处手针绗缝，间距 0.2～0.3cm 再次手针绗缝，缝合袖底缝，缝份分缝熨烫，袖口折边缉压明线（图 3-4-10）。

7）将袖子正面与衣身正面相对，袖山套入袖窿圈中，袖山与袖窿剪口一一对应。先进行绗缝固定，再用缝纫机进行车缝（图 3-4-11）。

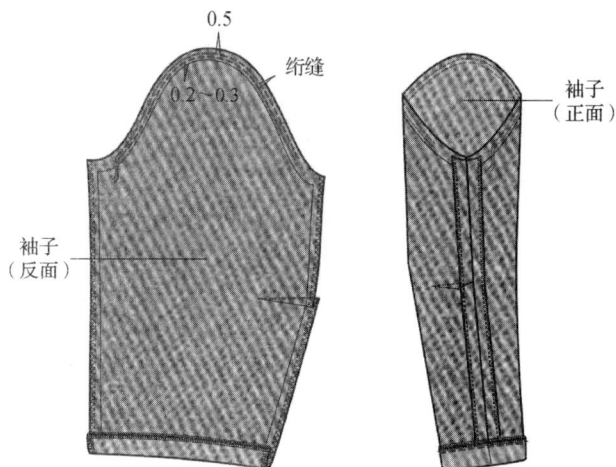

图 3-4-10　缝合袖子（单位：cm）

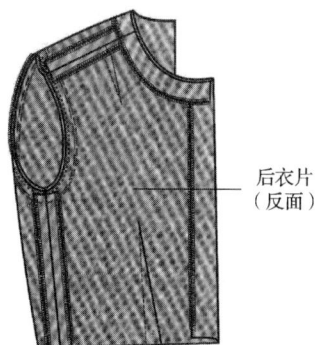

图 3-4-11　装袖

8）将裙片省道一一缝合，后裙片省道往后中心线坐倒，前裙片省道往前中心线坐倒。缝合裙片左右侧缝线，缝份分缝熨烫，裙摆折边左右距侧缝 10cm 处开始用手针绗缝固定（图 3-4-12）。

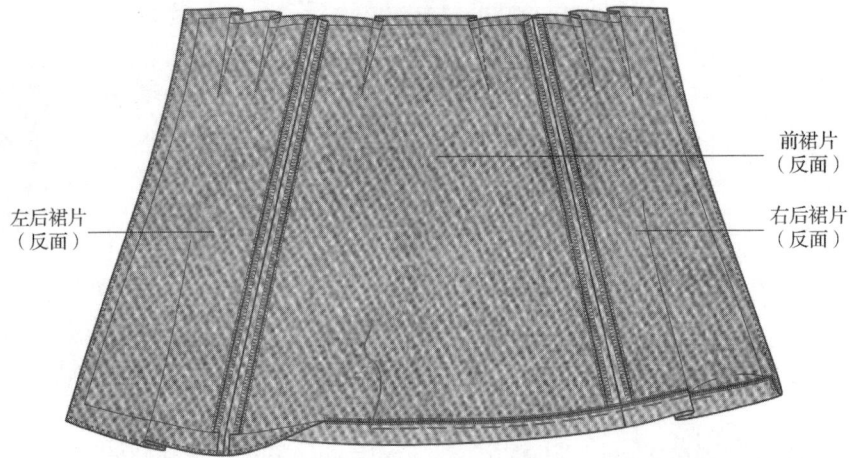

图 3-4-12　缝合裙片

左后裙片（反面）

前裙片（反面）

右后裙片（反面）

9）衣片与裙片的正面与正面相对，腰部对位点——对应缝合，锁边处理，缝份往衣片坐倒（图 3-4-13），较厚的布料可在腰线距后中线 2cm 左右处分缝处理。

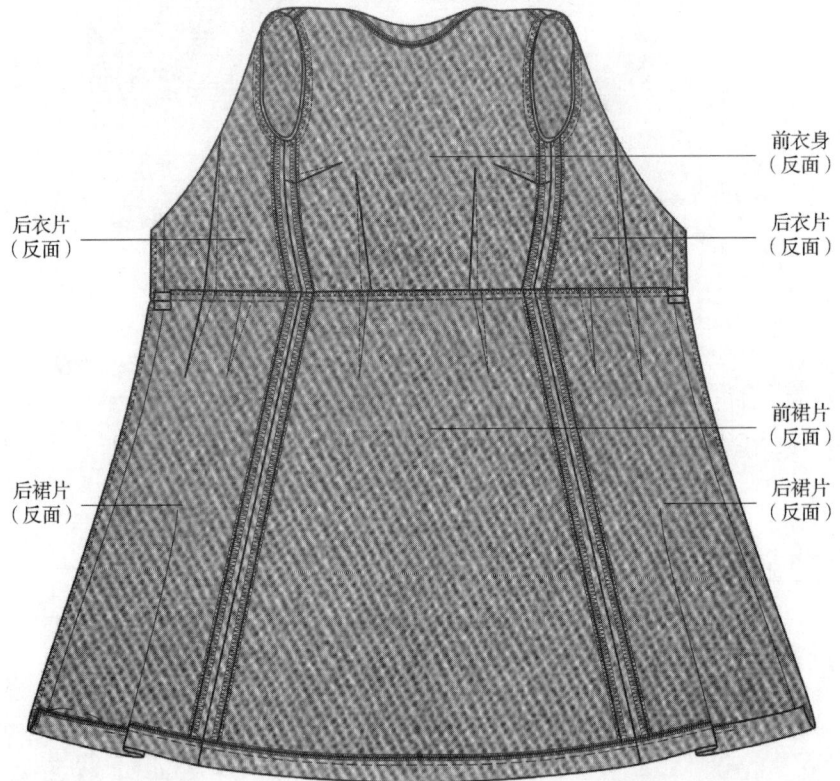

后衣片（反面）

前衣身（反面）

后衣片（反面）

前裙片（反面）

后裙片（反面）

后裙片（反面）

图 3-4-13　缝合腰线

10）如图 3-4-14 所示，将领贴翻起，拉链自领口处与左右衣身、裙片缝合。

11）将腰带衬与腰带裁片进行缝合，按照腰带衬的宽度折转熨烫（图 3-4-15），将腰带尖角多余的部分修剪、折转熨烫，沿腰带四周缉缝明线，腰带扣用手针缲缝固定。

领贴边（反面）

繰缝

0.3

0.2

绗缝

繰缝

右后裙片
（反面）

左后裙片
（正面）

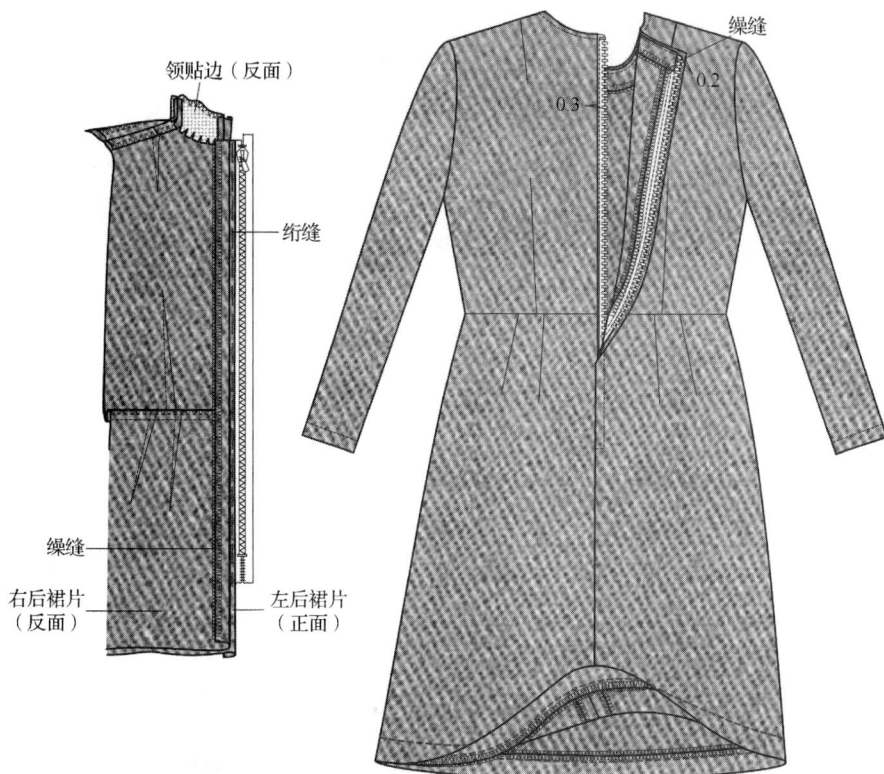

图 3-4-14　缝合拉链（单位：cm）

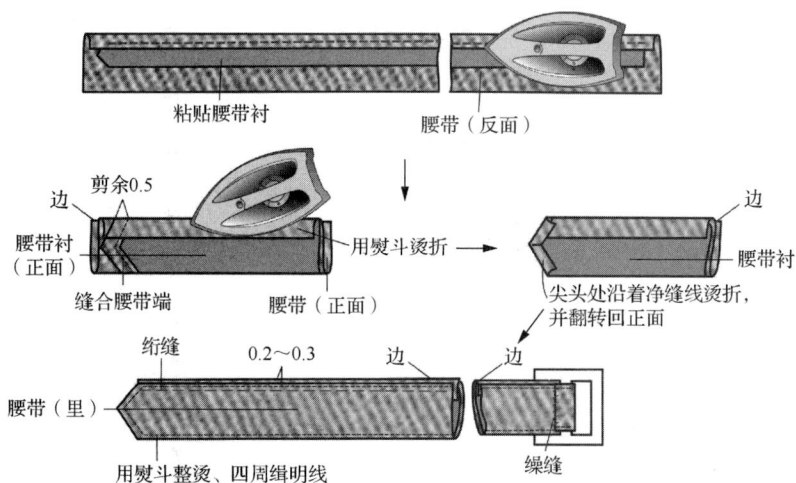

粘贴腰带衬

腰带（反面）

剪余0.5

边

腰带衬
（正面）

用熨斗烫折

边

腰带衬

缝合腰带端

腰带（正面）

尖头处沿着净缝线烫折，
并翻转回正面

绗缝

0.2～0.3

边

边

腰带（里）

用熨斗整烫、四周缉明线

繰缝

图 3-4-15　制作腰带（单位：cm）

项目实践

1. 选取一位自己的家人（母亲、姐姐或者妹妹），测量其相关部位尺寸数据，为其设计一款短裙或者连衣裙，并制作出样版、裁剪制作相应的成衣，着装试穿并拍摄正、背、侧照片。

2. 3～5 人为一组，利用周末或其他节假日，去附近的服装厂进行深入学习与实践，记录并亲自参与一款短裙或者连衣裙的整个生产过程，并将学习与实践过程中所搜集的相关资料素材整理成 PPT 进行实践汇报。

读书笔记

裤装缝制工艺

教学目的

本项目以裤装成衣缝制为工作载体，通过对裤装分解部件的讲解，引导学生了解裤装成衣的组成，增加学生的知识积累，帮助学生认识与理解裤装生产流程，让学生了解现代服装工艺技术和新工艺的应用情况及发展趋势，使学生最大限度地缩小学校与企业之间知识点的差距，帮助学生养成善于沟通、独立思考的习惯，增强学生的职业道德和职业素质，为以后从事相关领域的工作打下坚实的基础。

教学方式

教师可以采取理论讲解、示范演示和实践训练相结合的教学方式，根据教材内容及学生具体情况灵活确定训练内容，定期组织学生进入企业，实地参观学习，培养学生的动手能力。

任务4.1 裤装部件缝制工艺

4.1.1 直插袋工艺

1. 款式图

直插袋款式图如图4-1-1所示。

直插袋工艺

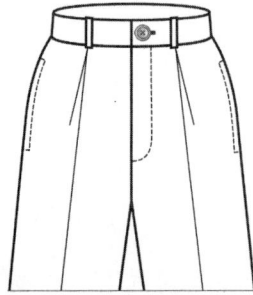

图4-1-1 直插袋款式图

2. 缝制步骤

1）进行布料裁剪，直插袋裁片图如图4-1-2所示。

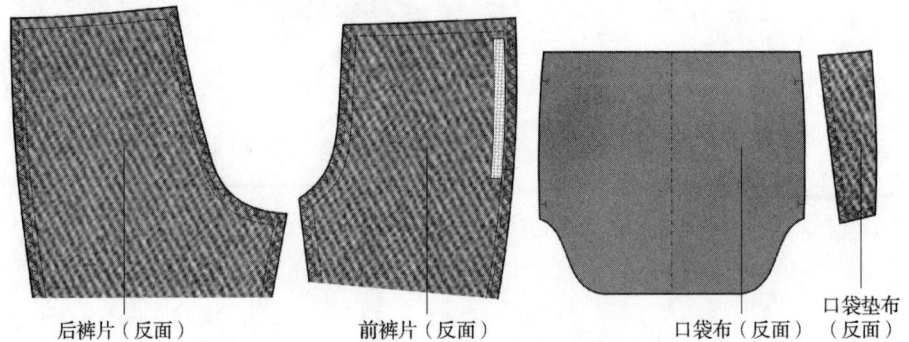

后裤片（反面）　　　前裤片（反面）　　　口袋布（反面）　　口袋垫布（反面）

图4-1-2 直插袋裁片图

2）如图4-1-3所示，将口袋垫布反面与口袋布反面相对，口袋垫布距离口袋布袋口1cm与口袋布对齐，将口袋垫布与口袋布缝合，缝至口袋垫布底端距离边缘2.5cm处回针。

3）如图4-1-4所示，将前裤片正面与后裤片正面相对，侧缝对齐，沿净样线缝合，在袋口处以最大针距缝合，袋口以外的区域按照正常针距缝合。

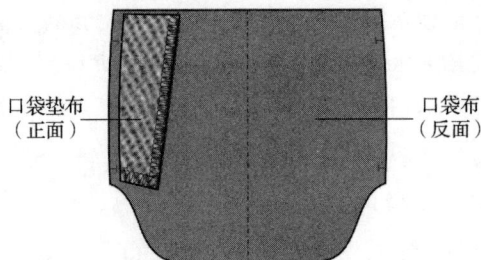

口袋垫布（正面）　　　口袋布（反面）

图4-1-3 缝合口袋垫布

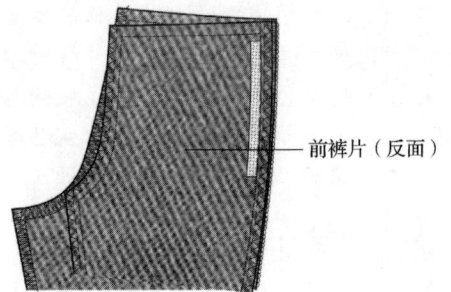

前裤片（反面）

图4-1-4 缝合侧缝

4）如图 4-1-5 所示，将口袋布反面与前裤片反面相对，口袋布袋口线紧贴前裤片侧缝净样线，口袋布与前裤片侧缝缝边缝合。

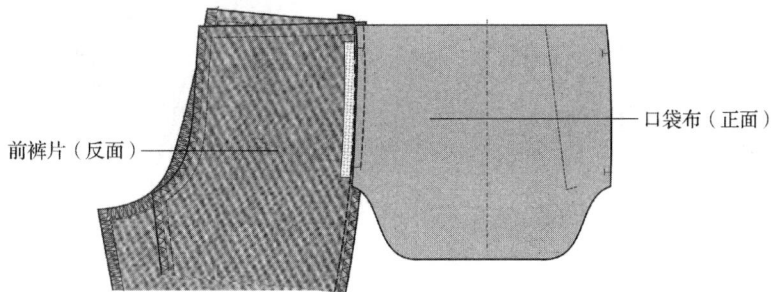

前裤片（反面）

口袋布（正面）

图 4-1-5　缝合口袋布与前裤片侧缝缝边

5）如图 4-1-6 所示，将口袋布往前裤片坐倒，口袋布正面与前裤片反面相对，沿前裤片侧缝线在袋口处缉缝明线。

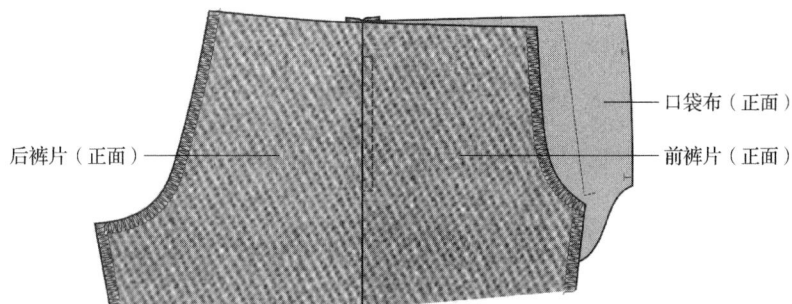

后裤片（正面）

口袋布（正面）

前裤片（正面）

图 4-1-6　袋口缉缝明线

6）如图 4-1-7 所示，口袋布沿中线对折，将前后裤片折转置于口袋内，沿口袋布底端将口袋布缝合，缝合止点与口袋垫布一致。

7）如图 4-1-8 所示，修剪口袋布缝份，将口袋布翻转至正面，沿口袋底端缉缝 0.5cm 明线，口袋布与前裤片侧缝对齐，口袋布翻开，口袋垫布与后裤片侧缝线缝合。

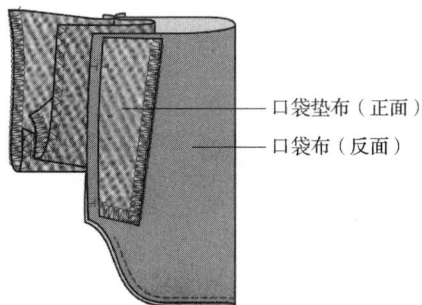

口袋垫布（正面）

口袋布（反面）

图 4-1-7　缝合口袋

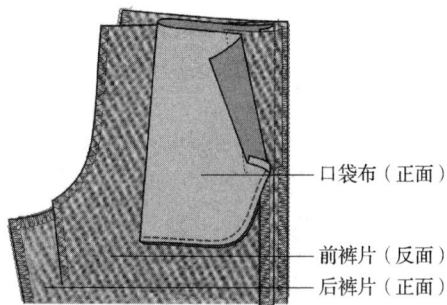

口袋布（正面）

前裤片（反面）

后裤片（正面）

图 4-1-8　固定口袋垫布

8）如图 4-1-9 所示，将口袋布袋口往内折转，折转边缘与后裤片侧缝线对齐，第一条线缉缝紧贴侧缝线，第二条线距离口袋布折转边缘 0.15cm。

9）如图 4-1-10 所示，将裤片翻转至正面，在袋口两端用套结机套结加固，口袋布与前衣片以大针距缝线固定。

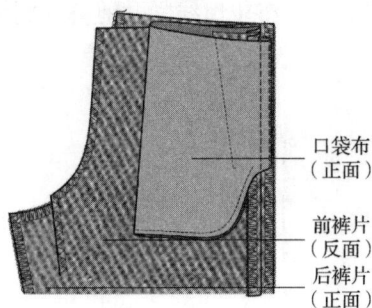

图 4-1-9　固定口袋布

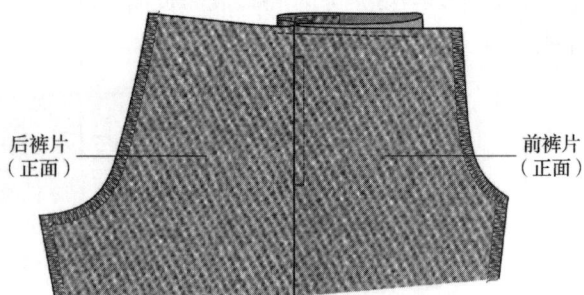

图 4-1-10　套结固定袋口

4.1.2　斜插袋工艺

1. 款式图

斜插袋款式图如图 4-1-11 所示。

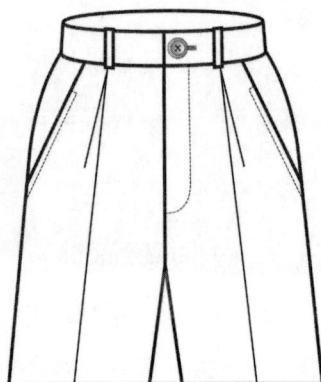

图 4-1-11　斜插袋款式图

2. 缝制步骤

1）进行布料裁剪，斜插袋裁片图如图 4-1-12 所示。

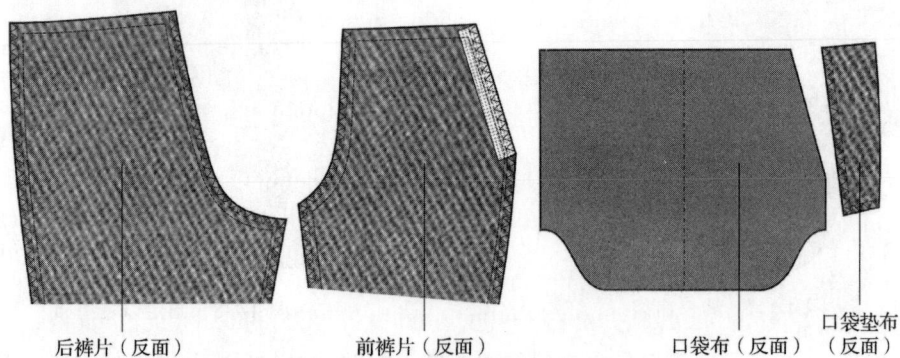

后裤片（反面）　　前裤片（反面）　　口袋布（反面）　　口袋垫布（反面）

图 4-1-12　斜插袋裁片图

2）如图 4-1-13 所示，将口袋垫布反面与口袋布反面相对，口袋垫布边缘距离口袋布边缘 1.5cm，沿口袋垫布锁边侧缝合，在距离袋口侧 2.5cm 处收针。

3）如图 4-1-14 所示，将口袋布正面与正面相对并沿中线对折，口袋布袋口侧边缘与口袋垫布边缘对齐，距离口袋底布边缘 1.5cm，沿口袋布底端 0.5cm 处缝合，距离袋口 2.5cm 处收针。

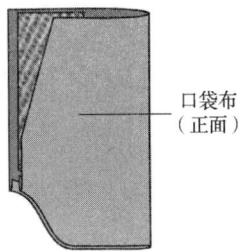

4）如图 4-1-15 所示，将口袋布底端缝份修剪，口袋布往正面翻转熨烫。

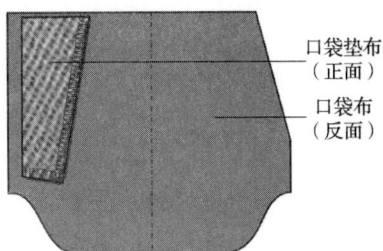

图 4-1-13　缝合口袋垫布　　　　图 4-1-14　缝合口袋布　　　　图 4-1-15　口袋布缉缝明线

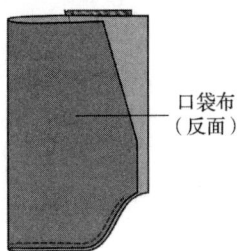

5）如图 4-1-16 所示，将口袋布正面与前裤片正面相对，口袋布袋口与前裤片袋口对齐，沿净样线缝合，缝至斜插袋袋口大处收针，在缝份处放置剪口。

6）如图 4-1-17 所示，将口袋布翻转至前裤片反面，袋口往口袋布 0.2cm 虚边处理，沿袋口缉缝 0.4cm 明线。

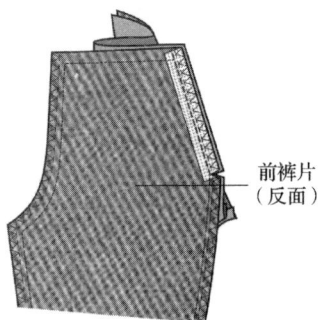

图 4-1-16　缝合袋口　　　　　　　　　图 4-1-17　袋口缉缝明线

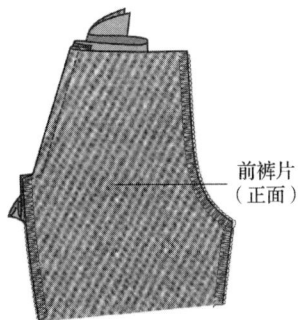

7）如图 4-1-18 所示，将后裤片正面与前裤片正面相对，侧缝线对齐，将口袋布往一边折转，口袋垫布与后裤片沿净样线缝合。

8）如图 4-1-19 所示，将侧缝缝份分缝熨烫，口袋布底对齐后裤片侧缝折光毛边，贴齐侧缝线缉缝第一道线，再沿边缘 0.2cm 缉缝第二道线，在口袋布底端沿边缘 0.4cm 缉缝明线。

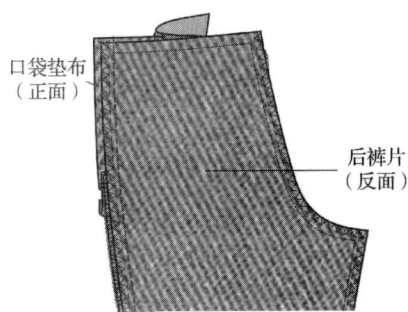

图 4-1-18　缝合侧缝线　　　　　　　　图 4-1-19　固定口袋底布

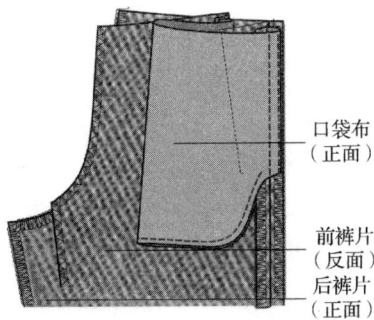

9）如图 4-1-20 所示，将口袋布倒向前裤片，在腰口处将口袋布与裤片大针距缉缝固定，在袋口大两端套结固定。

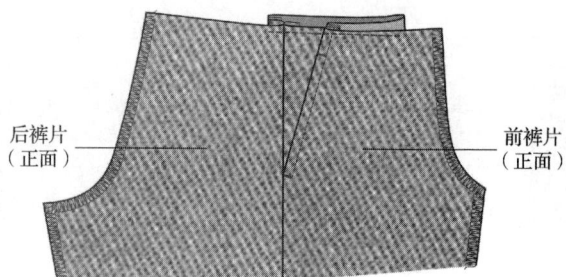

图 4-1-20　套结固定袋口

4.1.3　月牙袋工艺

1. 款式图

月牙袋款式图如图 4-1-21 所示。

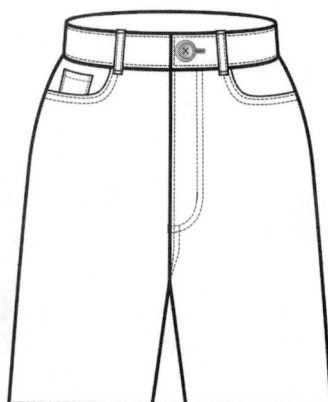

图 4-1-21　月牙袋款式图

2. 缝制步骤

1）进行布料裁剪，月牙袋裁片图如图 4-1-22 所示。

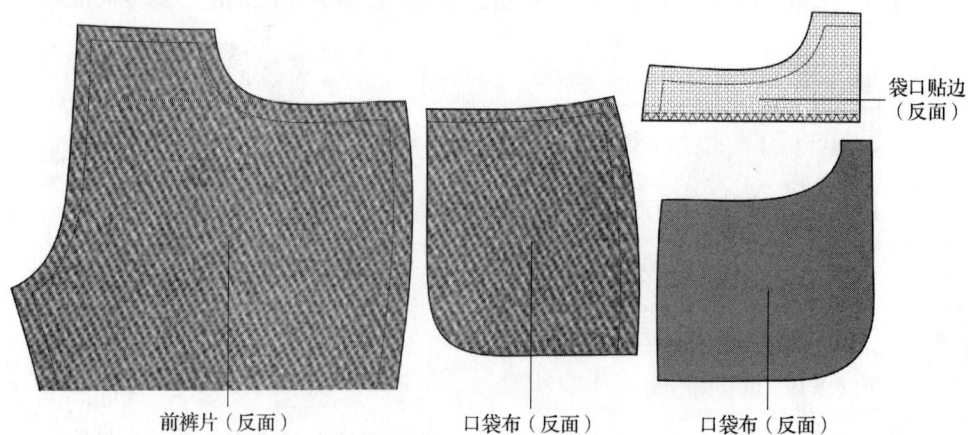

图 4-1-22　月牙袋裁片图

2）如图 4-1-23 所示，将口袋布反面与袋口贴边反面相对，口袋布袋口与口袋垫布袋口净样线贴齐，用手针绗缝固定袋口。

3）如图 4-1-24 所示，沿袋口贴边下端将袋口贴边与口袋布缝合。

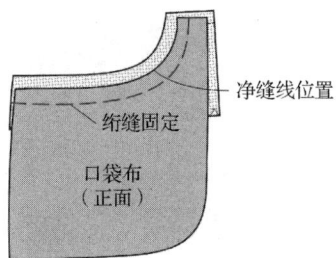

图 4-1-23　绗缝固定袋口

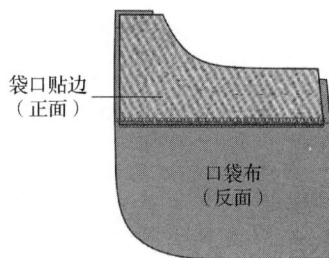

图 4-1-24　固定袋口贴边

4）如图 4-1-25 所示，将袋口贴边正面与前裤片正面相对，袋口贴齐，沿袋口贴边距离净样线 0.2cm 缝合，在圆角处打剪口。

5）如图 4-1-26 所示，将袋口缝份往袋口贴边坐倒，沿拼缝线边缘缉缝 0.1cm 明线，袋口往内虚边 0.2cm 熨烫。

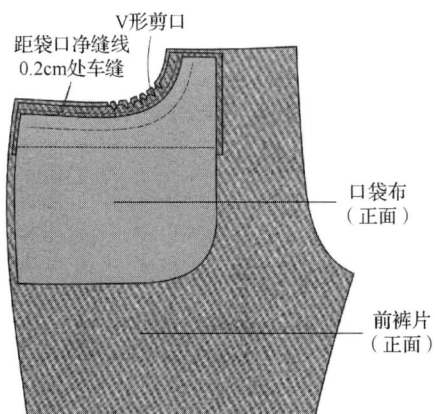

图 4-1-25　袋口缝合

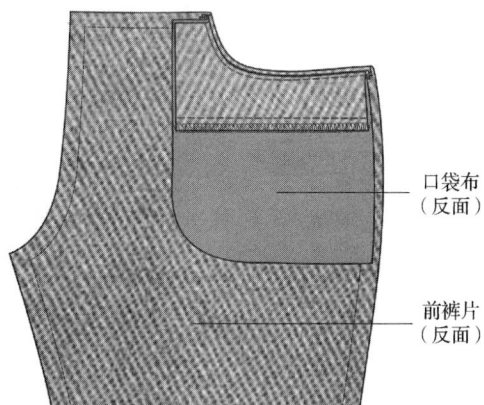

图 4-1-26　袋口虚边熨烫

6）如图 4-1-27 所示，将口袋底布正面与口袋布正面相对，沿口袋布弧线边缘 0.5cm 缝合。

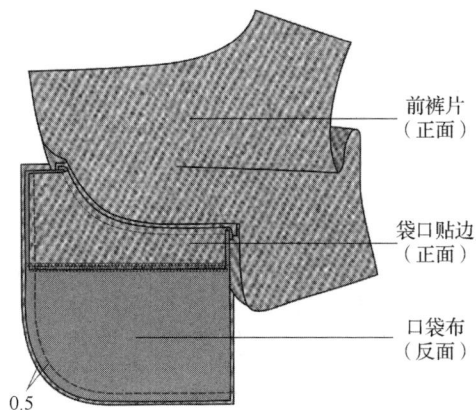

图 4-1-27　缝合口袋布（单位：cm）

7）如图 4-1-28 所示，口袋布毛边修剪，翻转口袋布，沿口袋布边缘 0.7cm 缉缝明线。

8）如图 4-1-29 所示，将前裤片正面与后裤片正面相对，侧缝贴齐，沿净样线缝合，毛边锁边处理。

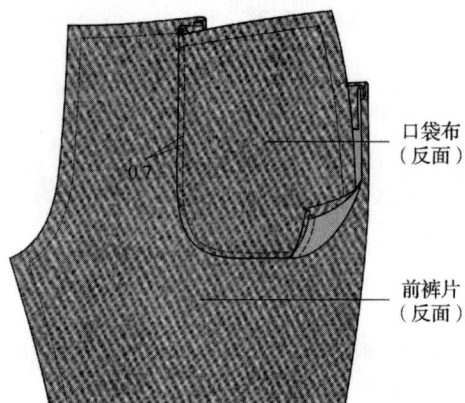

图 4-1-28　口袋布缉缝明线（单位：cm）

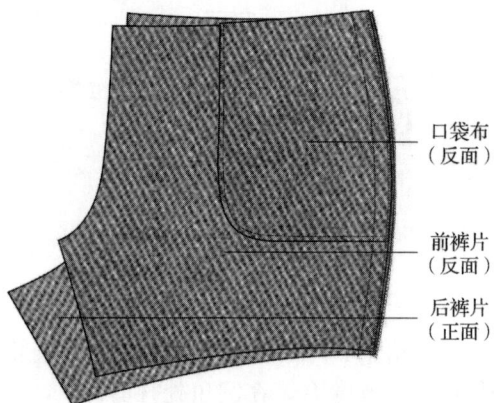

图 4-1-29　侧缝缝合

9）如图 4-1-30 所示，侧缝往后裤片坐倒，缉缝 0.6cm 明线，在腰口处将口袋布与前裤片缝合固定。

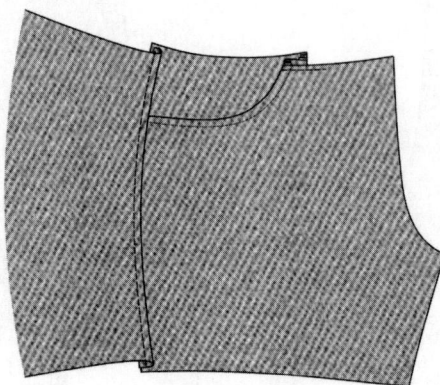

图 4-1-30　侧缝缉缝明线

4.1.4　单嵌线袋工艺

1. 款式图

单嵌线袋款式图如图 4-1-31 所示。

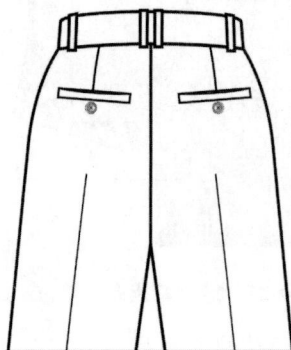

图 4-1-31　单嵌线袋款式图

单嵌线袋工艺

2. 缝制步骤

1）进行布料裁剪，单嵌线袋裁片图如图 4-1-32 所示。

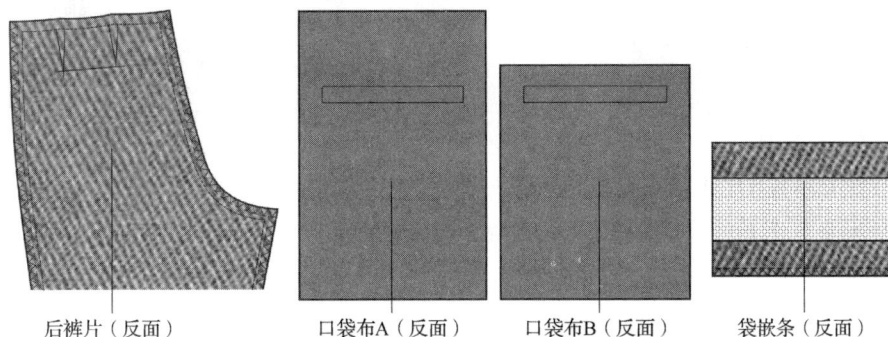

后裤片（反面）　　口袋布A（反面）　　口袋布B（反面）　　袋嵌条（反面）

图 4-1-32　单嵌线袋裁片图

2）如图 4-1-33 所示，将袋嵌条反面相对，对折熨烫。

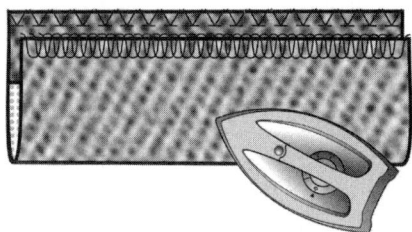

图 4-1-33　熨烫袋嵌条

3）如图 4-1-34 所示，将口袋布 B 正面与后裤片反面相对，口袋布上端距离开口袋线 2cm，用手针绗缝固定口袋布与后裤片。

4）如图 4-1-35 所示，袋嵌条开口朝上，袋嵌条左右两侧距离相等，折边距离开袋线 1cm 处缉缝固定袋嵌条。

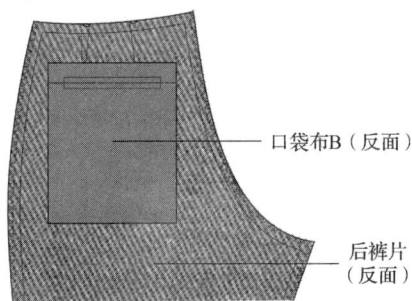

口袋布B（反面）

后裤片
（反面）

图 4-1-34　固定口袋布

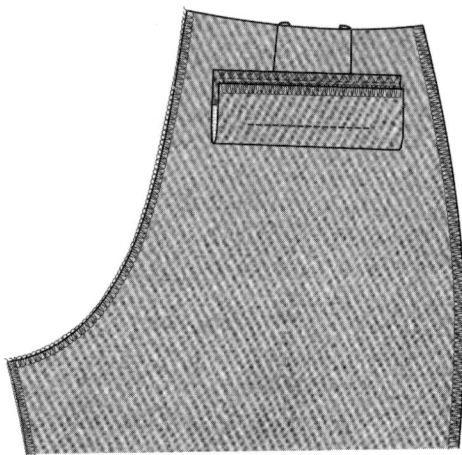

图 4-1-35　固定袋嵌条 1

5）如图 4-1-36 所示，将袋嵌条上层往下折转，用珠针固定，根据口袋嵌条宽度缉缝另一侧嵌条。

6）如图 4-1-37 所示，沿袋口中线剪开，袋口两端剪三角，保留 1～2 根纱线不要剪断。

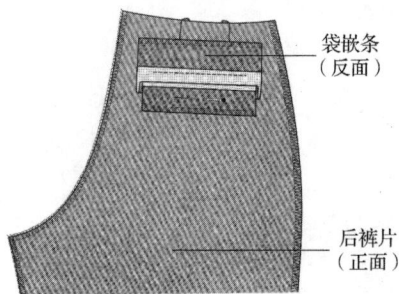

图 4-1-36　珠针固定袋嵌条

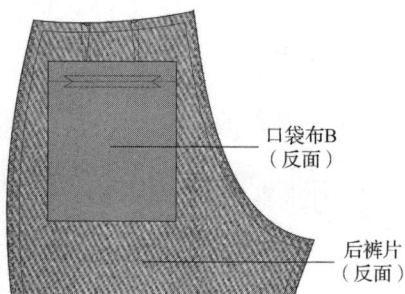

图 4-1-37　袋口剪三角

7）如图 4-1-38 所示，将袋嵌条从袋口开口处翻转至裤片反面。

8）如图 4-1-39 所示，袋口熨烫平整，将袋嵌条底端与口袋布缝合固定。

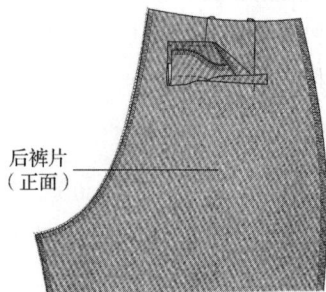

图 4-1-38　翻转袋口

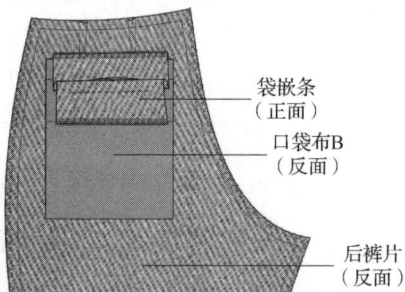

图 4-1-39　固定袋嵌条底端

9）如图 4-1-40 所示，将袋口上端拼缝分缝熨烫，袋嵌条往下端坐倒。

10）如图 4-1-41 所示，将口袋布 A 反面与口袋布 B 反面相对覆盖在后裤片上，口袋布上端与腰口线对齐。

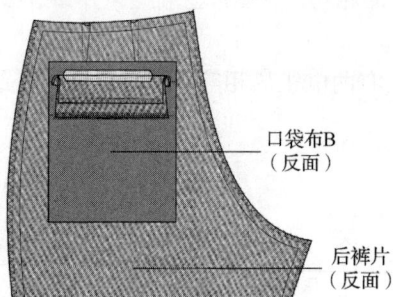

图 4-1-40　分缝熨烫袋口拼缝

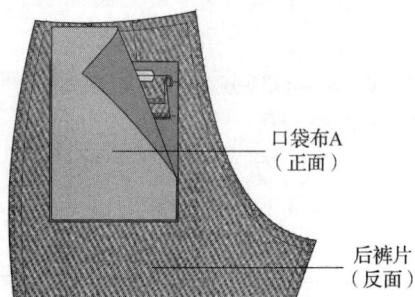

图 4-1-41　覆盖口袋布

11）如图 4-1-42 所示，将袋口上端袋嵌条与口袋布 A 缝合固定。

12）如图 4-1-43 所示，将口袋布 A 与口袋布 B 沿边缘缝合，毛边锁边处理，口袋布上端与腰口线对齐，缝合固定。

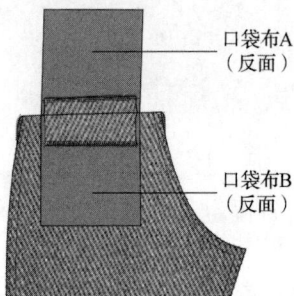

图 4-1-42　固定袋嵌条 2

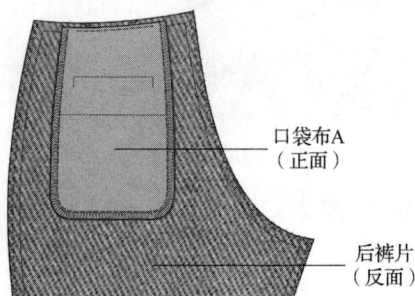

图 4-1-43　缝合口袋布

4.1.5　拉链工艺

1. 款式图

拉链款式图如图 4-1-44 所示。

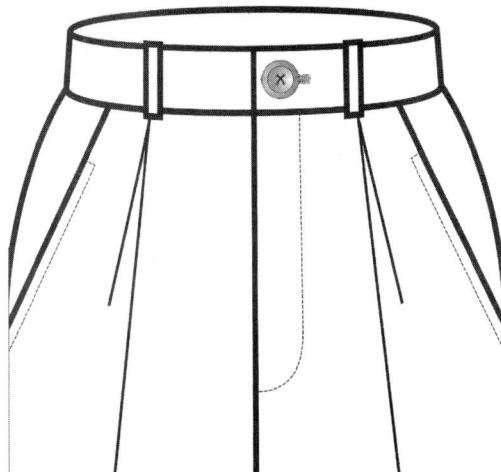

裤子拉链工艺

图 4-1-44　拉链款式图

2. 缝制步骤

1）进行布料裁剪，拉链款式裁片图如图 4-1-45 所示。

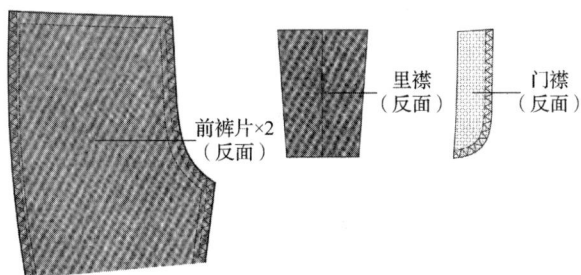

前裤片×2（反面）　里襟（反面）　门襟（反面）

图 4-1-45　拉链款式裁片图

2）如图 4-1-46 所示，将门襟正面与前裤片正面相对，与前裤片前中缝边贴齐，沿净样线缝合，缝至装拉链点收针，在装拉链点打剪口。

3）如图 4-1-47 所示，将门襟缝份往裤片坐倒，拉链正面与门襟正面相对，拉链一侧与前裤片中线重叠 0.5cm，另一侧与门襟缝合固定。

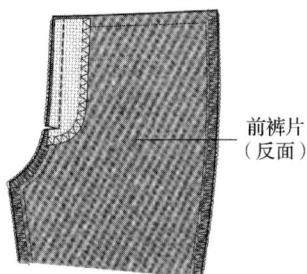

前裤片（反面）

图 4-1-46　缝合门襟

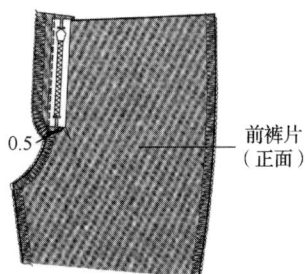

0.5　前裤片（正面）

图 4-1-47　固定拉链（单位：cm）

4）如图 4-1-48 所示，按照门襟宽度在前裤片正面缉缝门襟明线。

5）如图 4-1-49 所示，将左前裤片门襟翻开，右前裤片前中折转毛边，里襟与右前裤片折边对齐衬于拉链下，右前裤片与里襟夹住拉链边缘缝合，沿拉链边缘缉缝 0.1cm 明线。

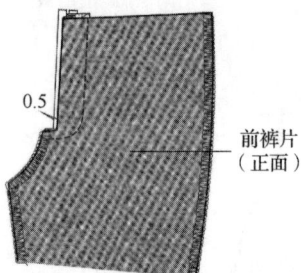

图 4-1-48　门襟缉缝明线（单位：cm）　　　　　　图 4-1-49　缝合里襟

6）如图 4-1-50 所示，缝合前小裆，缝份倒向左前裤片缉缝 0.1cm 明线，在门襟明线处套结加固。

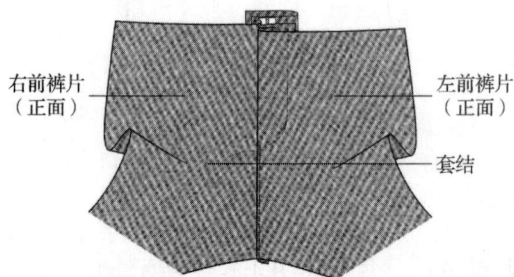

图 4-1-50　门襟套结加固

任务 4.2　女西裤缝制工艺

4.2.1　款式图

女西裤款式图如图 4-2-1 所示。

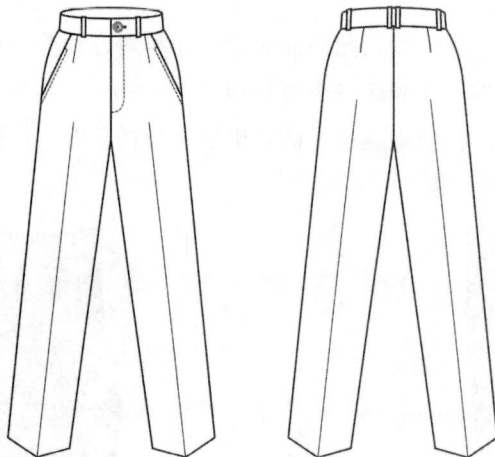

图 4-2-1　女西裤款式图

4.2.2　结构纸样

1. 尺寸表

160/66A 号型女西裤各部位尺寸表如表 4-2-1 所示。

表 4-2-1　160/66A 号型女西裤各部位尺寸表　　　　　　　单位：cm

部位	裤长（L）	腰围（W）	臀围（H）	上裆	脚口	腰头宽
尺寸	97	68	94	27	40	3

2. 结构图

女西裤结构图如图 4-2-2 所示。

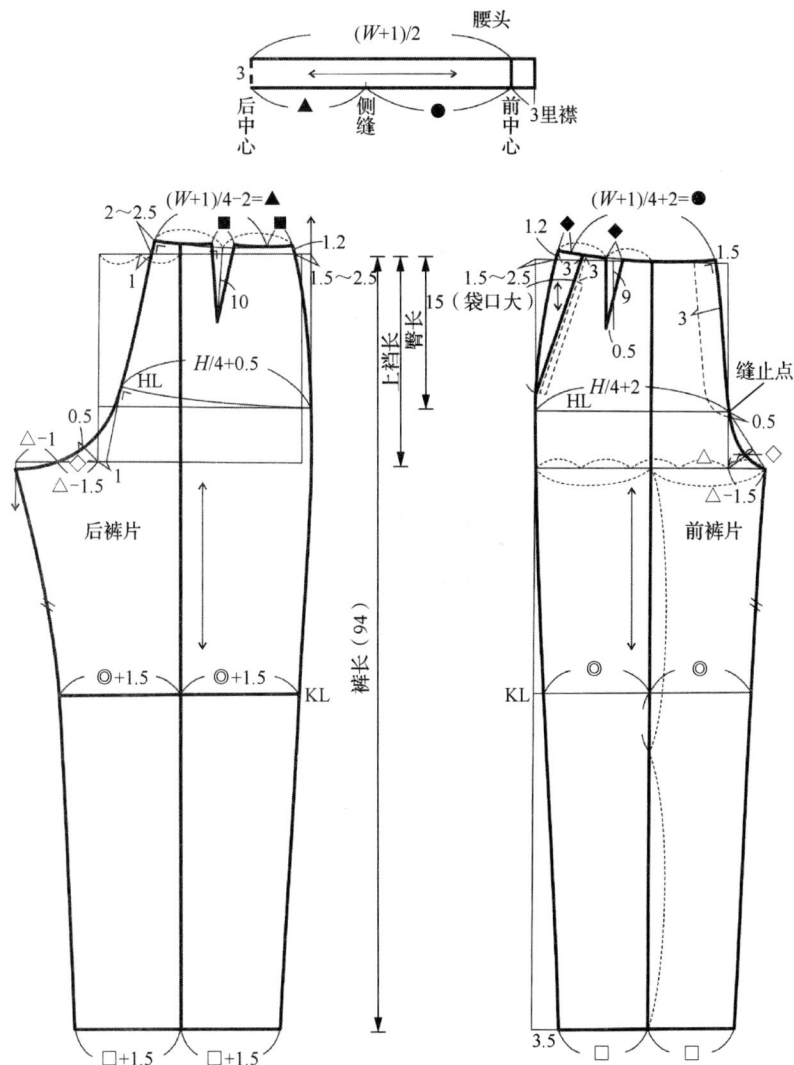

图 4-2-2　女西裤结构图（单位：cm）

3. 纸样图

女西裤纸样图如图 4-2-3 所示。

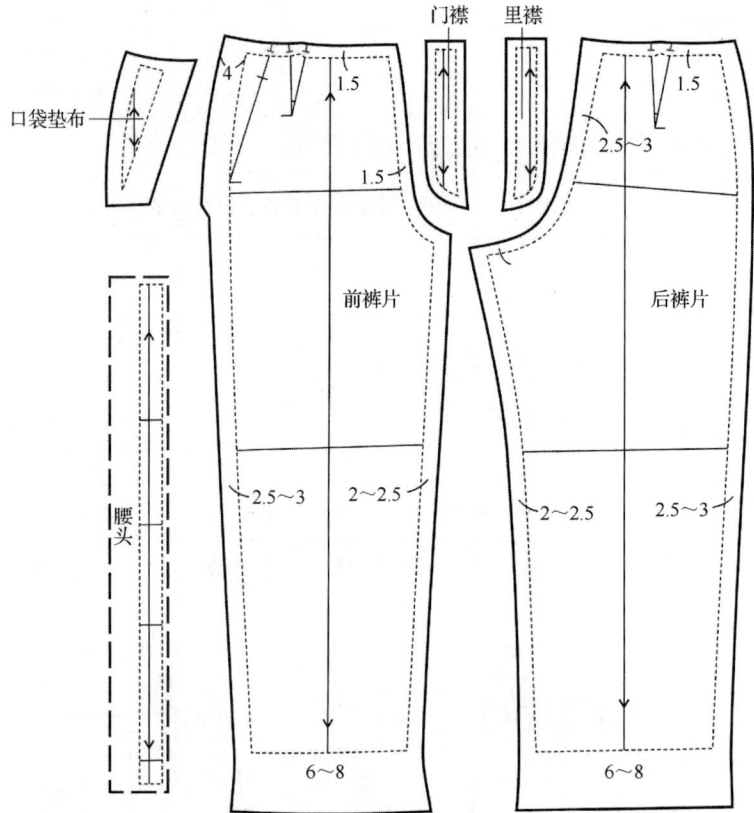

图 4-2-3　女西裤纸样图（单位：cm）

4.2.3　缝制步骤

进行布料裁剪，布料裁剪图如图 4-2-4 所示。

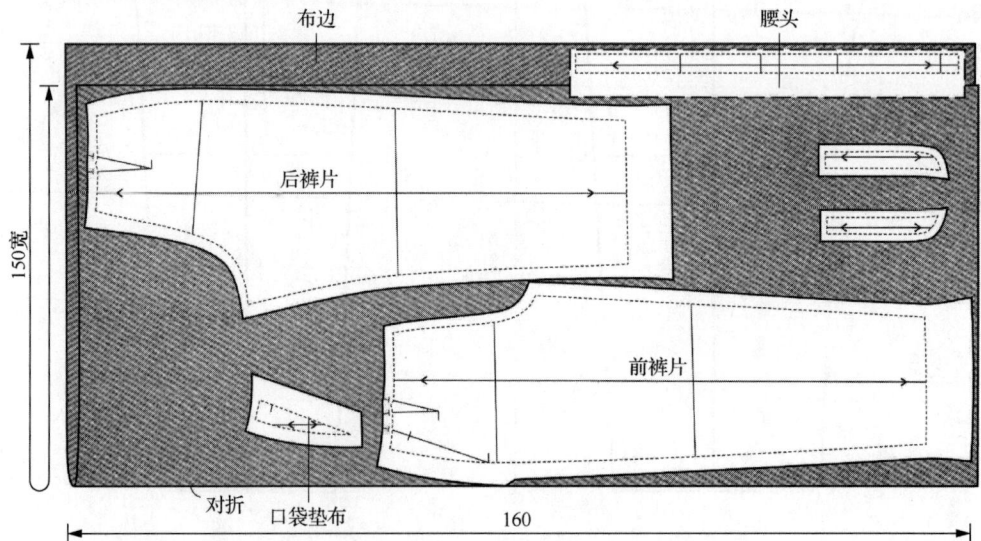

图 4-2-4　布料裁剪图（单位：cm）

具体的缝制步骤如下。

1）如图 4-2-5 所示，对女西裤前后裤片、口袋垫布进行锁边处理。

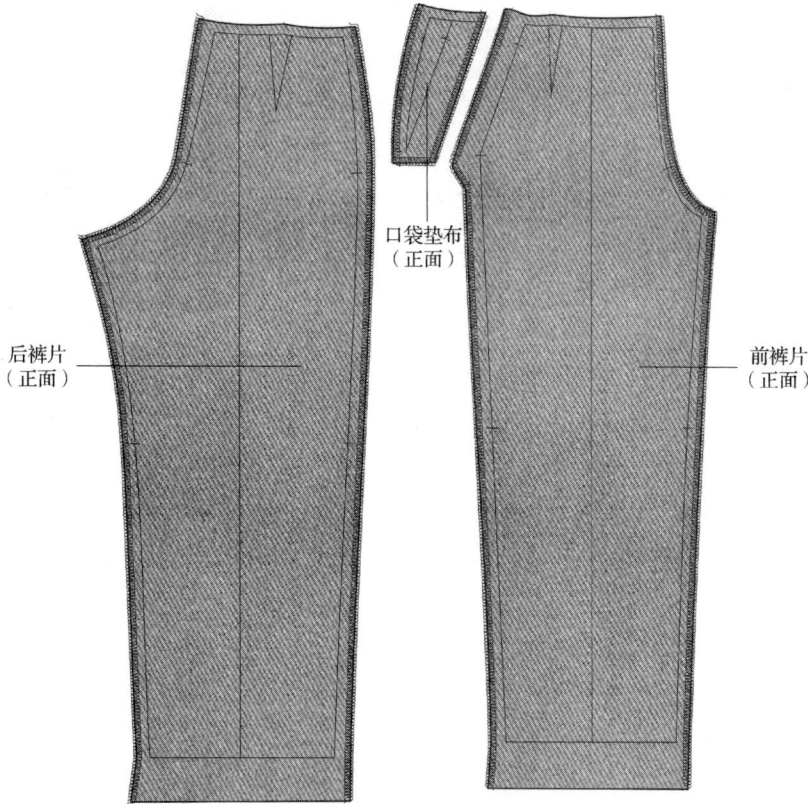

图 4-2-5 裁片锁边

2）如图 4-2-6 所示，门里襟裁片（粘衬、熨烫）处理。

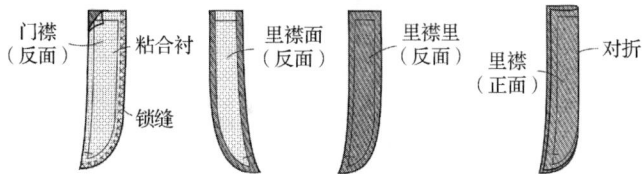

图 4-2-6 门里襟裁片（粘衬、熨烫）处理

3）如图 4-2-7 所示，将口袋垫布与口袋布反面相对，侧缝对齐，手针绗缝固定口袋布与口袋垫布，在距离边缘 0.5cm 处缉缝。

4）如图 4-2-8 所示，将口袋布袋口与前裤片袋口净样线对齐，放入牵带，牵带长度为袋口大两端各加 1cm。

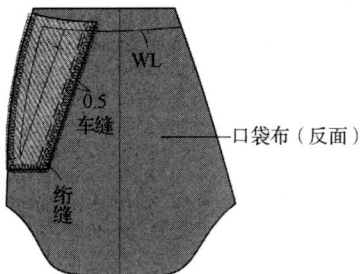

图 4-2-7 固定口袋垫布（单位：cm）

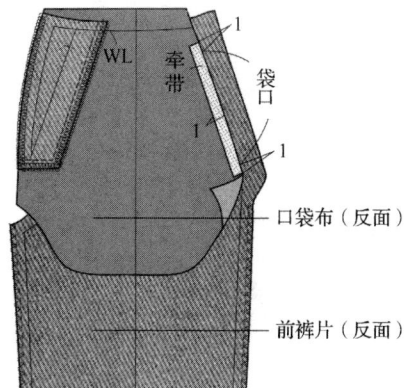

图 4-2-8 固定袋口（单位：cm）

5）如图 4-2-9 所示，将前裤片袋口折边往口袋布折转，用手针绗缝固定口袋布与袋口，再在缝边边缘缉缝固定，按照袋口大小，在袋口处沿袋口边缘缉缝明线，在袋口下端打剪口。

6）如图 4-2-10 所示，将口袋布反面与反面相对，口袋布底端对齐，沿边缘 0.5cm 缝合，缝至距离侧缝线 4cm 处收针。

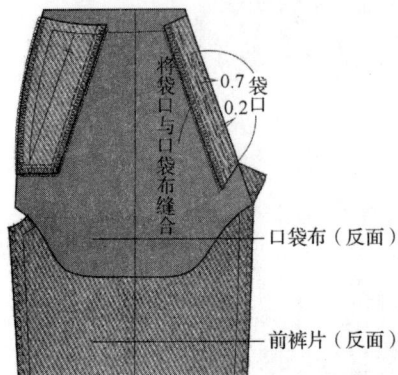

图 4-2-9　袋口缉缝明线（单位：cm）　　　图 4-2-10　缝合口袋（单位：cm）

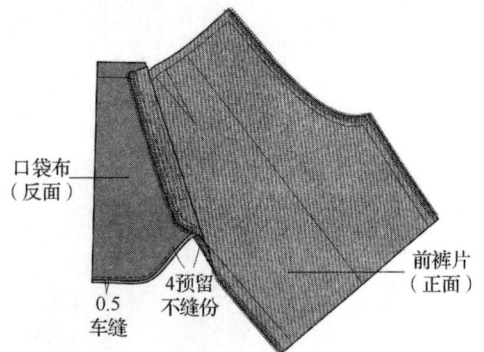

7）如图 4-2-11 所示，将口袋布往前裤片坐倒，侧缝线对齐，缉缝固定口袋垫布与前裤片，用手针绗缝将袋口与口袋布固定。

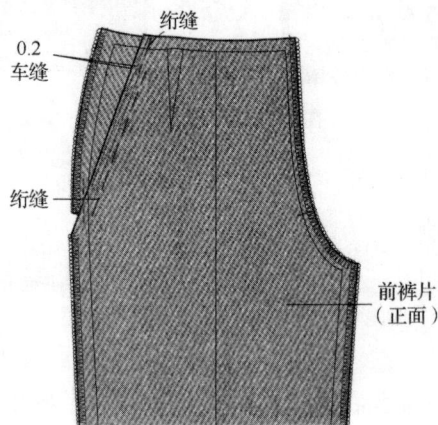

图 4-2-11　绗缝固定袋口（单位：cm）

8）如图 4-2-12 所示，缉缝前后裤片省道，前裤片省道往前中坐倒，后裤片省道往后中坐倒。

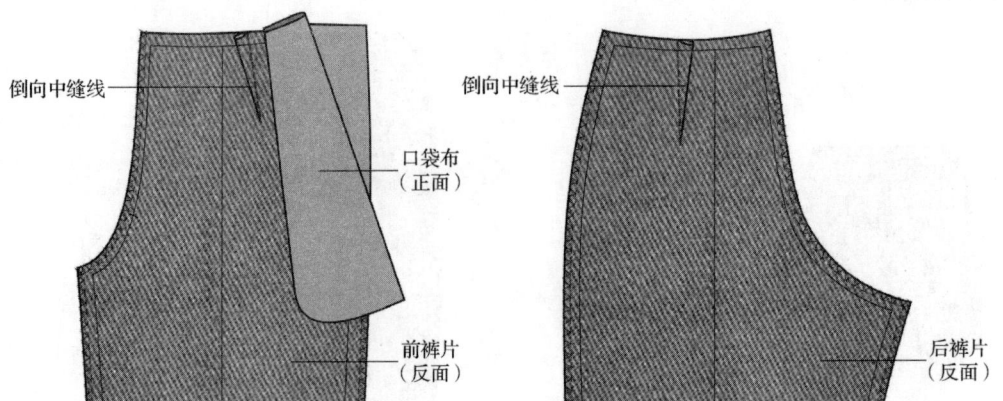

图 4-2-12　缉缝省道（单位：cm）

9）如图 4-2-13 所示，将前后裤片正面与正面相对，侧缝对齐，将口袋布翻开，沿净样线缝合。

10）如图 4-2-14 所示，侧缝线分缝熨烫，口袋布毛边折边收光并与后裤片侧缝边缘缝合，缉缝 0.2cm 明线，口袋布正面袋口大两端套结加固，口袋布底端沿边缘缉缝 0.7cm 明线，口袋腰线处收褶处理，脚口折转熨烫。

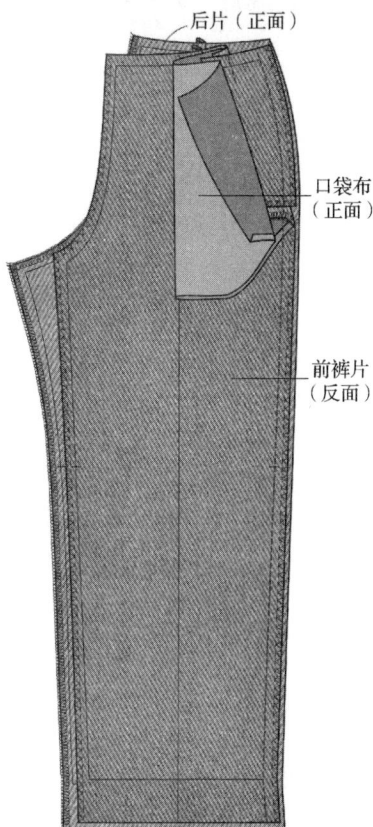

图 4-2-13　缝合侧缝

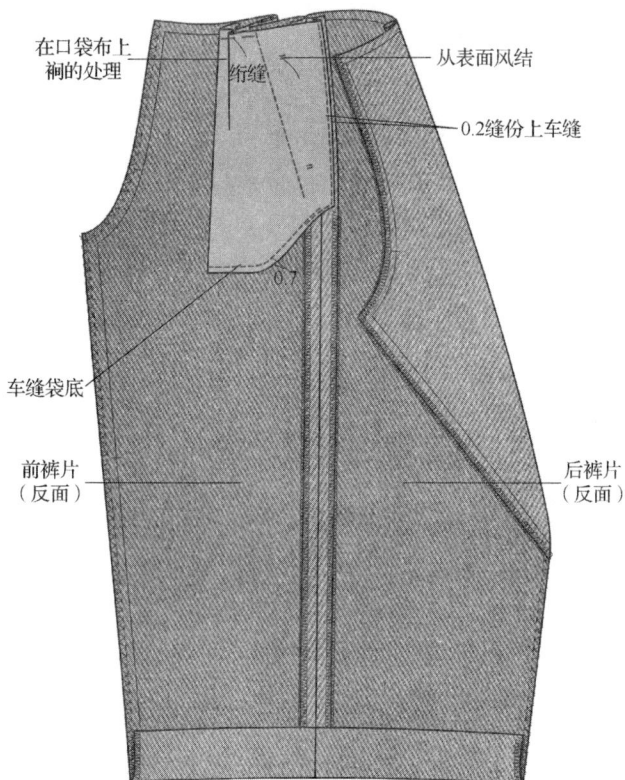

图 4-2-14　缉缝口袋（单位：cm）

11）如图 4-2-15 所示，前后裤片正面与正面相对，内侧缝对齐缝合，缝份分缝熨烫，裤脚口毛边锁缝，脚口折边用手针绗缝固定，在折边内部边缘用手针缲缝固定脚口折边。

12）如图 4-2-16 所示，将裤管外侧缝与内侧缝对齐，在前后片中线处熨烫，烫出裤管前后片烫迹线。

13）如图 4-2-17 所示，门襟正面与前裤片正面相对，与前裤片前中线缝边对齐，先用手针绗缝固定，再缉缝缝合，在门襟底端回针加固。

14）如图 4-2-18 所示，门襟缝份往前裤片坐倒，门襟往前裤片折转熨烫，沿前中线 0.2～0.3cm 虚边处理。

15）如图 4-2-19 所示，将左右裤管正面相对套在一起，裆缝对齐，沿净样线缝合，前裆缝至门襟拉链止点收针。

16）如图 4-2-20 所示，将裆缝缝份分缝熨烫。

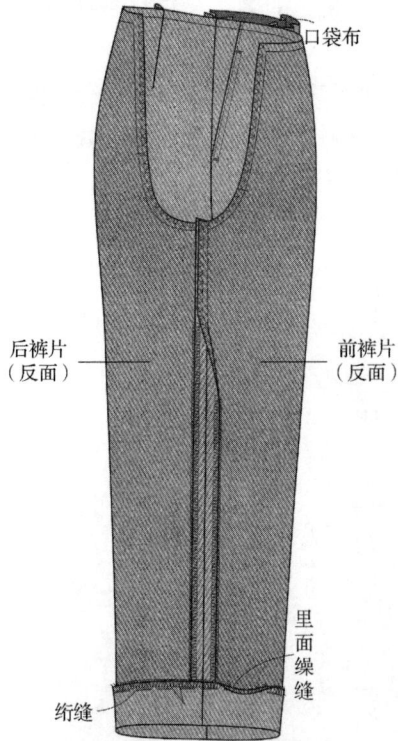

图 4-2-15　固定脚口折边

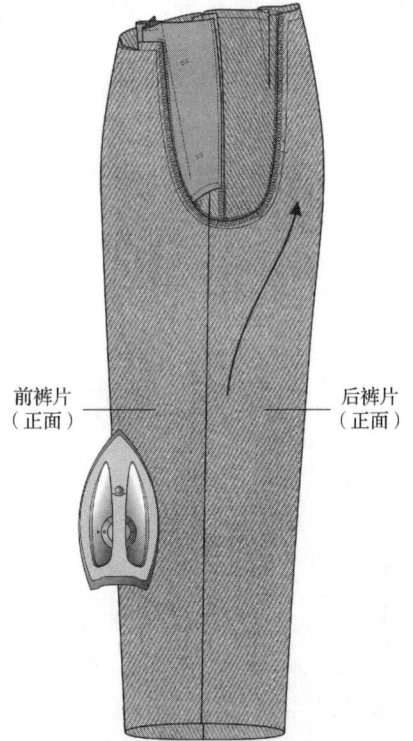

口袋布

后裤片
（反面）

前裤片
（反面）

里面繰缝

绗缝

图 4-2-16　熨烫裤管

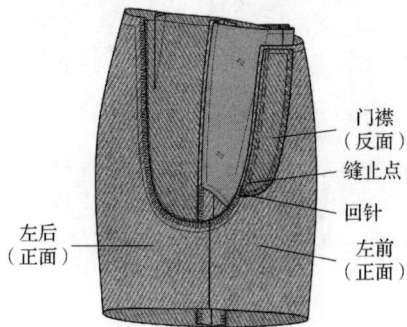

前裤片
（正面）

后裤片
（正面）

图 4-2-17　缝合门襟

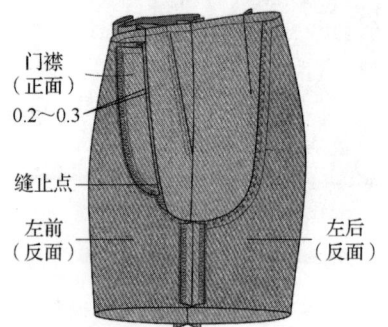

门襟
（反面）

缝止点

回针

左后
（正面）

左前
（正面）

图 4-2-18　折转熨烫门襟（单位：cm）

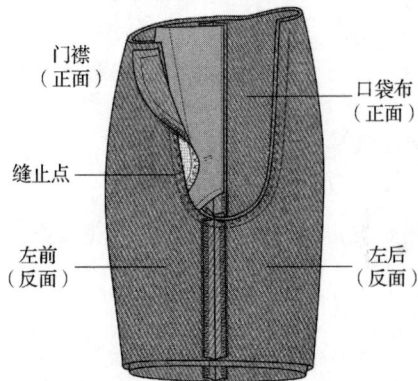

门襟
（正面）

0.2～0.3

缝止点

左前
（反面）

左后
（反面）

图 4-2-19　缝合裆缝

门襟
（正面）

缝止点

左前
（反面）

左后
（反面）

口袋布
（正面）

图 4-2-20　分缝熨烫裆缝

烫馒

17）如图 4-2-21 所示，在拉链边缘距离里襟边缘 0.4～0.5cm 处缉缝固定，将右前裤片裆缝缝边折转 0.3cm 与里襟拉链缝合。

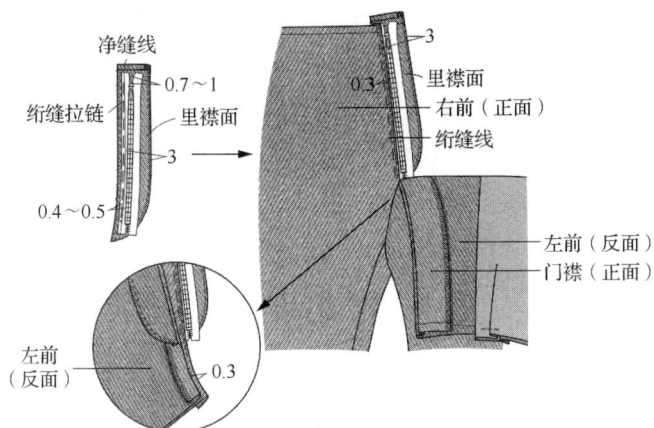

图 4-2-21　缝合里襟（单位：cm）

18）如图 4-2-22 所示，将门襟与里襟对齐，沿前中线 0.5～0.7cm 用手针绗缝固定，将里襟翻向一边，熨烫硬纸板夹于门襟与裤片之间，将门襟与拉链绗缝固定。

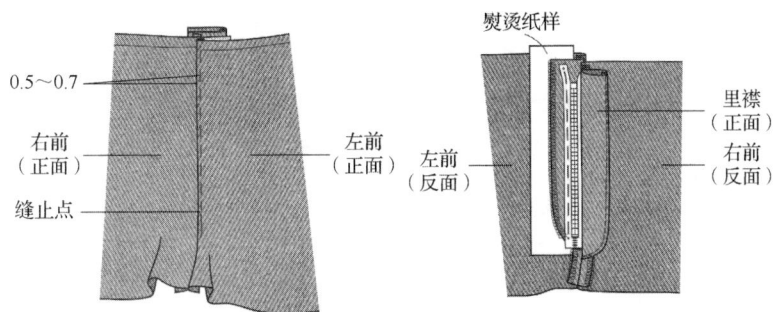

图 4-2-22　缝合拉链与门襟（单位：cm）

19）如图 4-2-23 所示，在距离拉链边缘 0.1cm 处缉缝拉链与门襟，再沿拉链齿边缘缉缝拉链与门襟。

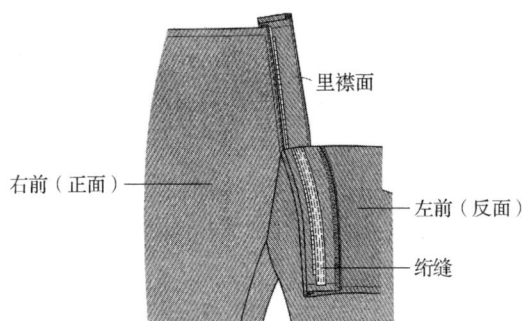

图 4-2-23　缉缝拉链

20）如图 4-2-24 所示，将里襟翻向一边，在门襟下放入熨烫样板，在左前裤片与门襟距离前中线 3cm 处用手针绗缝固定，再缉缝明线，在明线底端套结加固。

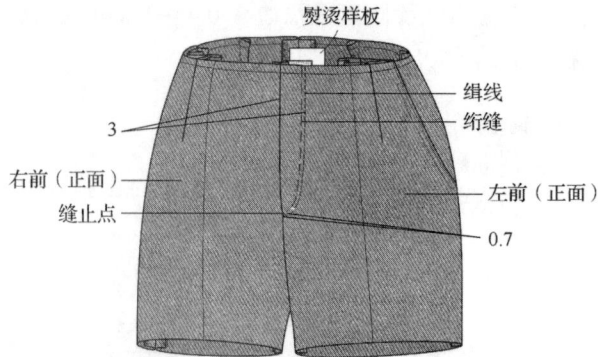

图 4-2-24　门襟缉缝明线（单位：cm）

21）如图 4-2-25 所示，将腰头衬熨烫粘贴在腰头面裁片上。

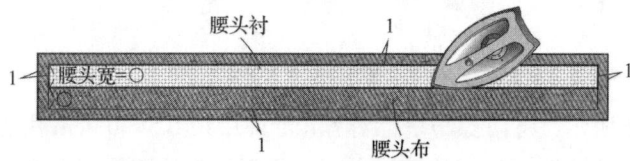

图 4-2-25　腰头粘衬（单位：cm）

22）如图 4-2-26 所示，将腰头面正面与裤片正面相对，腰头对位点与裤片对位点一一对应，先用手针绗缝将腰头与裤片固定，再在距离腰头净样线 0.2cm 处缝合腰头与裤片。

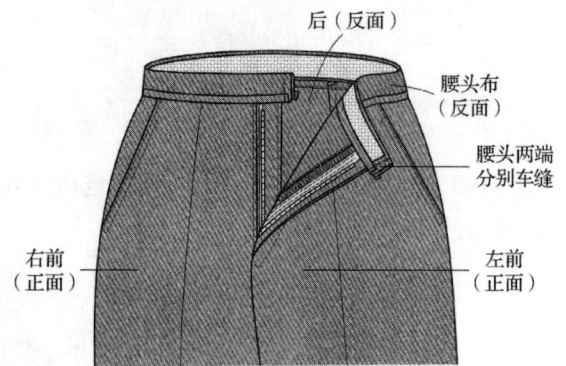

23）如图 4-2-27 所示，腰头里沿净样线将缝边折转，腰头面与腰头里沿中线正面相对对折，腰头两头缉缝缝合。

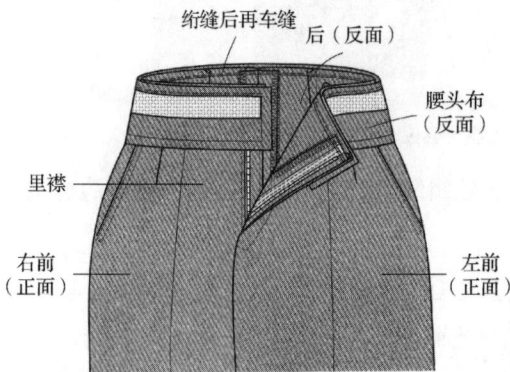

图 4-2-26　绱腰头　　　　　　　　　图 4-2-27　封腰头

24）如图 4-2-28 所示，将腰头翻转至正面，腰头四周在距离边缘 0.2～0.3cm 处缉缝明线，在腰头门里襟处钉裤钩。

25）如图 4-2-29 所示，将裤管外侧缝与内侧缝（下裆缝）对齐，沿前后烫迹线熨烫平整裤管。

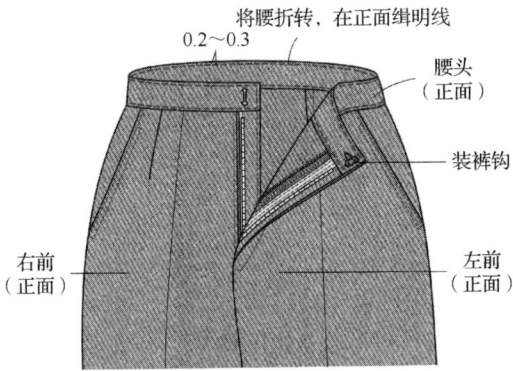

将腰折转，在正面缉明线

0.2～0.3

腰头
（正面）

装裤钩

右前
（正面）

左前
（正面）

图 4-2-28　腰头缉缝明线（单位：cm）

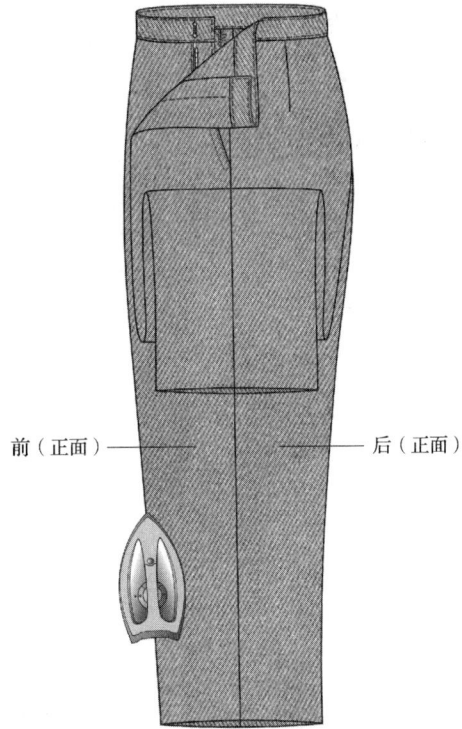

前（正面）

后（正面）

对齐下裆缝和侧缝

图 4-2-29　熨烫

任务 4.3　男西裤缝制工艺

4.3.1　款式图

男西裤款式图如图 4-3-1 所示。

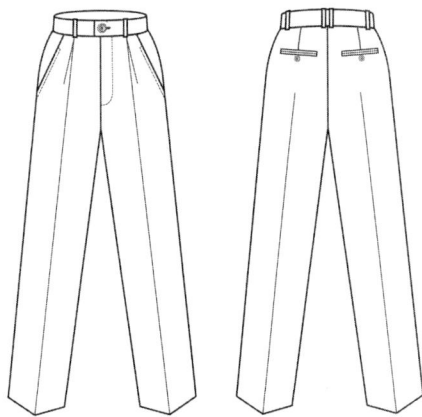

图 4-3-1　男西裤款式图

4.3.2　结构纸样

1. 尺寸表

170/74A 号型男西裤各部位尺寸表如表 4-3-1 所示。

表 4-3-1　170/74A 号型男西裤各部位尺寸表　　　　　　　　　　单位：cm

部位	裤长（L）	腰围（W）	臀围（H）	上裆	腰头宽
尺寸	102	76	104	29	4

2. 结构图

男西裤结构图如图 4-3-2 所示。

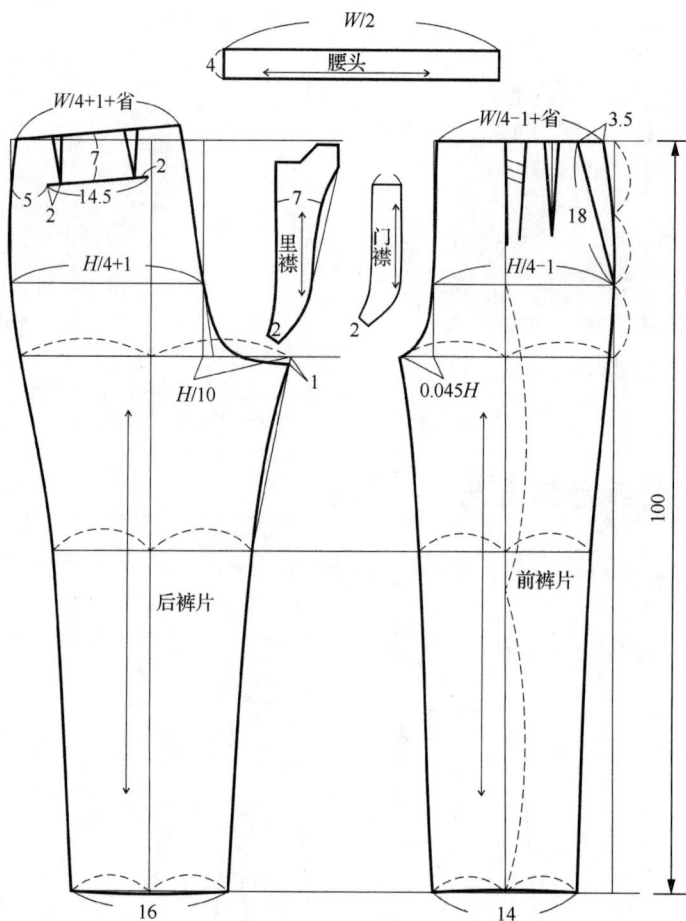

图 4-3-2　男西裤结构图（单位：cm）

3. 纸样图

男西裤纸样图如图 4-3-3 所示。

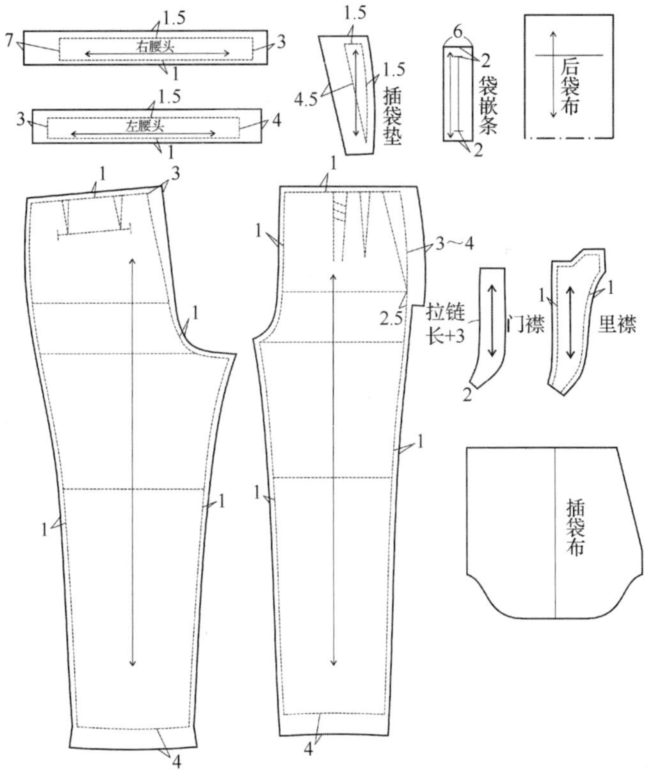

图 4-3-3　男西裤纸样图（单位：cm）

4.3.3　缝制步骤

先进行布料裁剪，男西裤布料裁剪图如图 4-3-4 和图 4-3-5 所示。

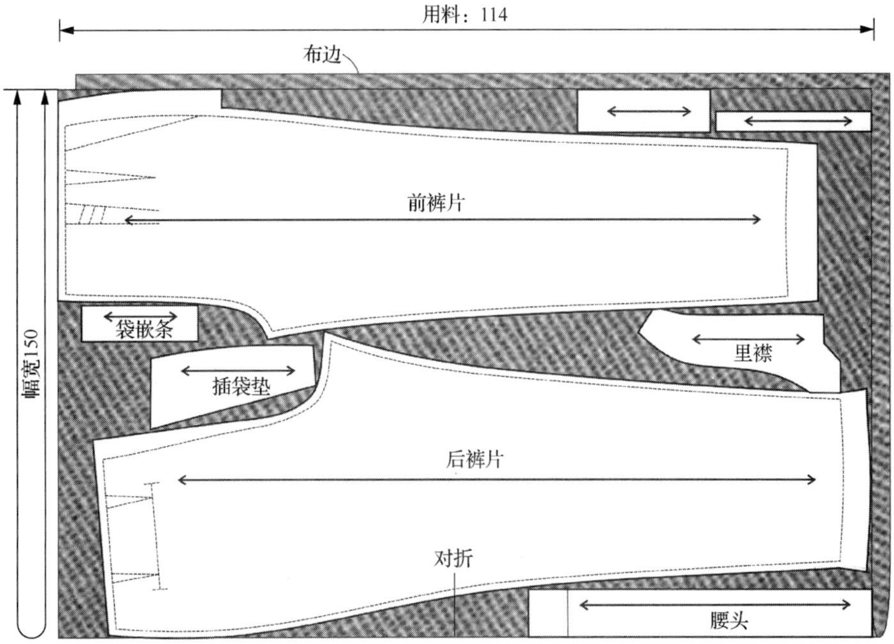

图 4-3-4　男西裤布料裁剪图（单位：cm）

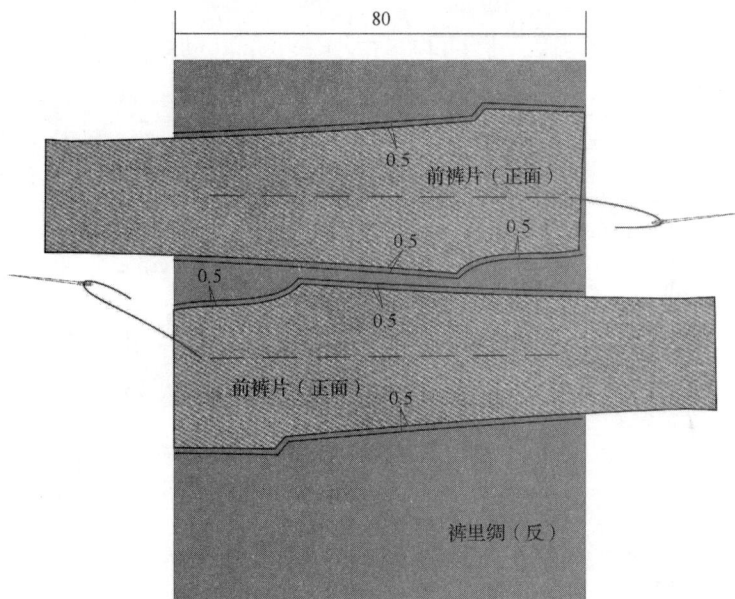

图 4-3-5　裤里绸排料裁剪（单位：cm）

具体的缝制步骤如下。

1）如图 4-3-6 所示，前裤片归拔熨烫以烫迹线为基准，将前裤片臀部归拢熨烫，中裆拔开熨烫。

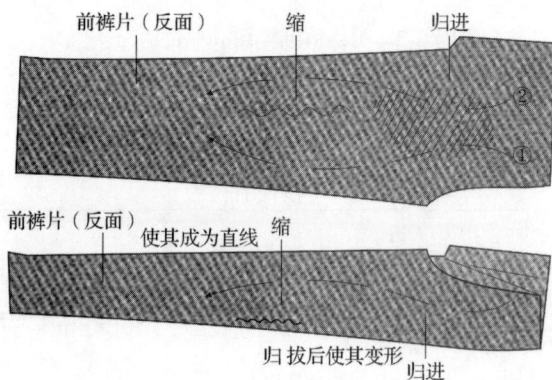

图 4-3-6　熨烫前裤片

2）如图 4-3-7 所示，后裤片归拔熨烫以后裤片烫迹线为基准，将后裤片臀部归拢熨烫，使其呈臀部凸起状，中裆拔开熨烫。

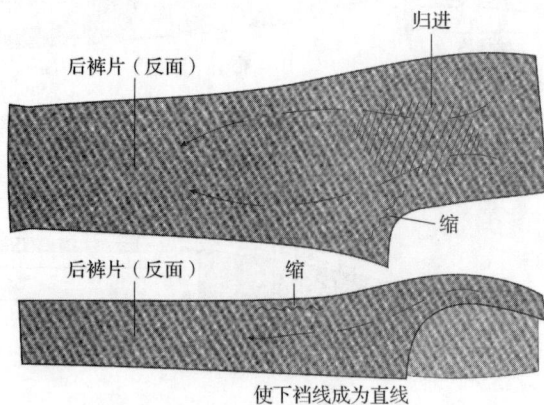

图 4-3-7　熨烫后裤片

3）如图 4-3-8 所示，后裤片省道缉缝，两个省道相对坐倒，在开袋处粘贴 2.5cm 宽的粘衬。

4）如图 4-3-9 所示，将口袋布正面与后裤片反面相对，口袋布上端与腰线平齐，口袋布与袋口左右距离袋相等，用手针绗缝固定口袋布，口袋布另一端在袋口处缉缝口袋垫布。

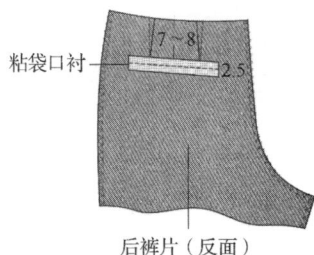

图 4-3-8　缉缝省道（单位：cm）

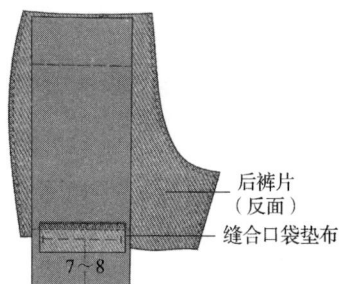

图 4-3-9　固定口袋垫布（单位：cm）

5）如图 4-3-10 所示，将口袋垫布、袋嵌条正面与后裤片正面相对，口袋垫布与袋嵌条缝边重叠 0.8cm，按袋嵌条宽度缉缝固定袋嵌条与口袋垫布。

6）如图 4-3-11 所示，将口袋垫布与袋嵌条缝边分别往两边折烫，沿袋口中间剪开，袋口两边剪三角，保留 1～2 根纱线不要剪断。

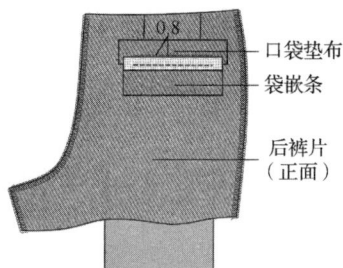

图 4-3-10　缉缝袋嵌条与口袋垫布（单位：cm）

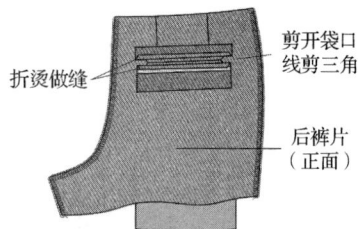

图 4-3-11　剪三角

7）如图 4-3-12 所示，将袋嵌条与口袋垫布从袋口处翻转至后裤片反面，袋嵌条缝份分缝熨烫，袋嵌条底边折烫 1cm。

8）如图 4-3-13 所示，将袋嵌条底边与口袋布缉缝固定。

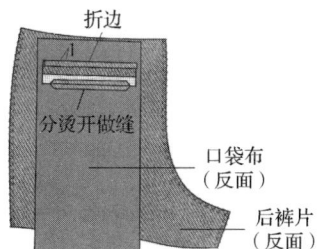

图 4-3-12　分缝熨烫袋嵌条（单位：cm）

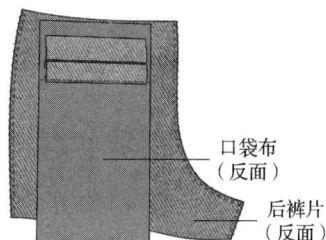

图 4-3-13　固定袋嵌条底边

9）如图 4-3-14 所示，将口袋布正面与正面相对，将后裤片折转置于口袋布中，沿口袋布边缘缉缝 0.4cm 明线。

10）如图 4-3-15 所示，修剪口袋布边缘，翻转至正面，熨烫平整。

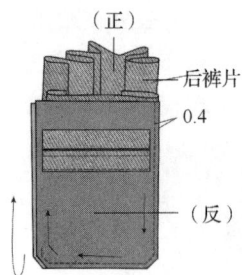

图 4-3-14 缉缝口袋布 1（单位：cm）　　　　　　图 4-3-15 翻转口袋布

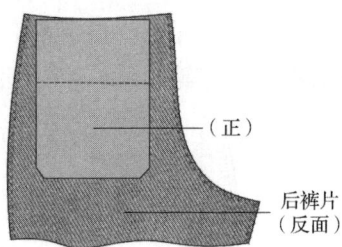

11）如图 4-3-16 所示，沿袋口上端将上下层口袋布缉缝固定，袋口两侧固定三角。

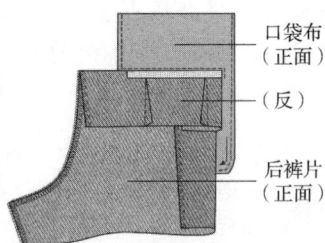

12）如图 4-3-17 所示，沿口袋布边缘缉缝 0.6cm 明线。

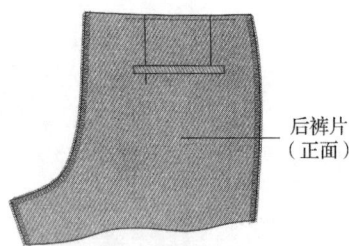

13）如图 4-3-18 所示，袋口两端套结加固，腰口缉缝固定后裤片与口袋布。

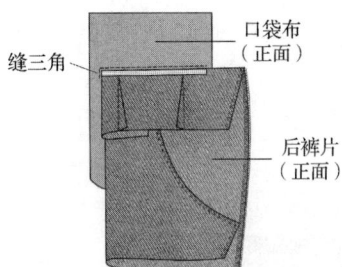

图 4-3-16 固定三角　　　　图 4-3-17 口袋布边缘缉缝明线　　　　图 4-3-18 套结固定袋口

14）如图 4-3-19 所示，裤里绸脚口折边缉缝 0.7cm 明线，裤里绸与前裤片用手针绗缝固定。

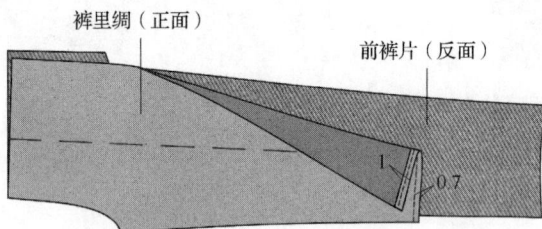

图 4-3-19 固定裤里绸（单位：cm）

15）如图 4-3-20 所示，裤里绸与前裤片锁边，修剪前裤片与裤里绸袋口。

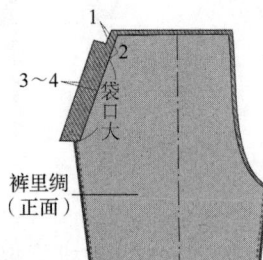

图 4-3-20 修剪袋口（单位：cm）

16）如图 4-3-21 所示，前裤片袋口折烫 0.7cm，裤里绸袋口粘有 1cm 纺衬。

17）如图 4-3-22 所示，前裤片袋口折边与口袋布缉缝 0.2cm 明线。

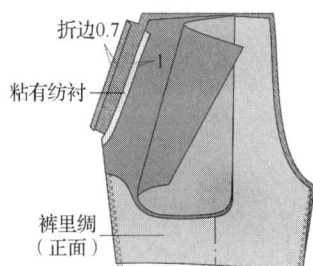

图 4-3-21　袋口折边（单位：cm）　　　图 4-3-22　袋口缉缝明线 1（单位：cm）

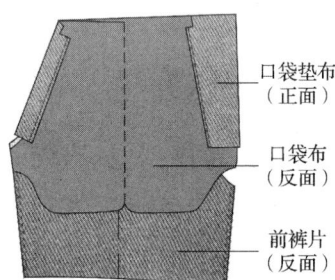

18）如图 4-3-23 所示，前裤片袋口贴边连同口袋布往里折转，根据斜插袋袋口大小缉缝 0.7cm 明线。

19）如图 4-3-24 所示，将口袋垫布与口袋布反面相对，口袋垫布内侧折边缉缝 0.2cm 明线。

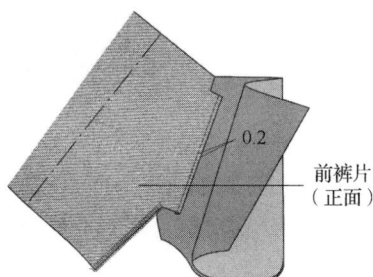

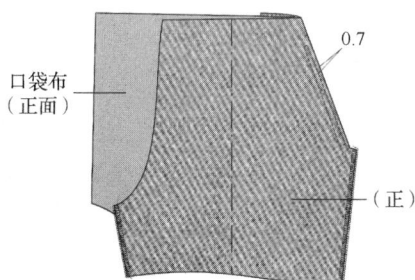

图 4-3-23　袋口缉缝明线 2（单位：cm）　　　图 4-3-24　固定口袋垫布

20）如图 4-3-25 所示，沿口袋布底端缉缝 0.4cm 明线。

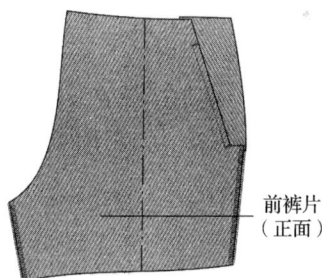

21）如图 4-3-26 所示，将口袋布翻转至正面，前裤片与口袋垫布调整对齐，在袋口两端套结固定。

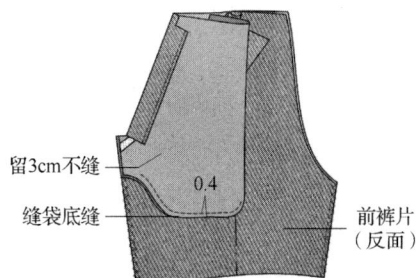

图 4-3-25　口袋布底端缉缝明线（单位：cm）　　　图 4-3-26　套结固定袋口

22）如图 4-3-27 所示，将口袋布翻开，前裤片与后裤片侧缝对齐，沿净样线缝合。

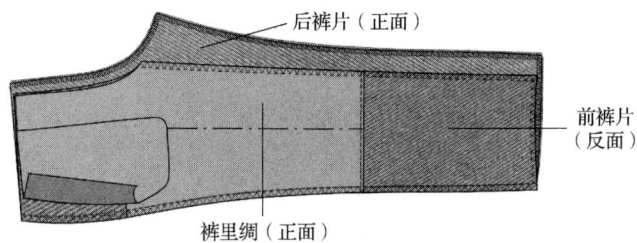

图 4-3-27　缝合侧缝

23）如图 4-3-28 所示，将口袋布边缘折边与后裤片缝份缝合，口袋底端缉缝 0.6cm 明线。

后裤片
（反面）

（正）

0.6

裤里绸
（正面）

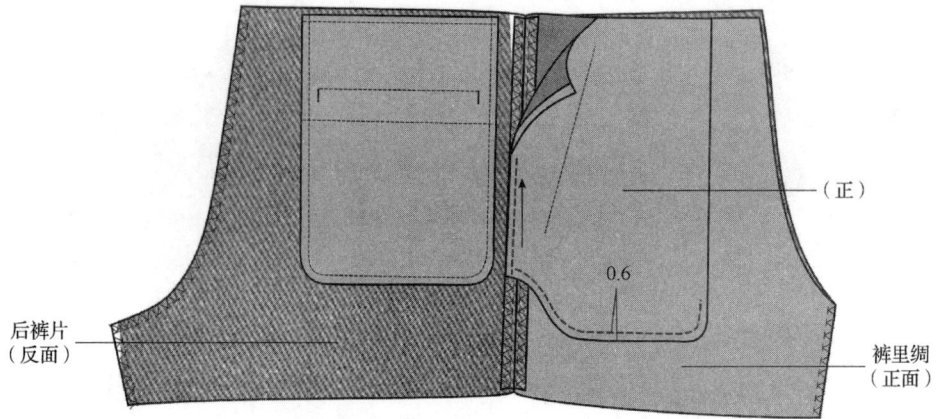

图 4-3-28　缉缝口袋布 2（单位：cm）

24）如图 4-3-29 所示，门襟和里襟粘衬、锁边。

25）如图 4-3-30 所示，将里襟面、里折烫，缝合里襟面、里。

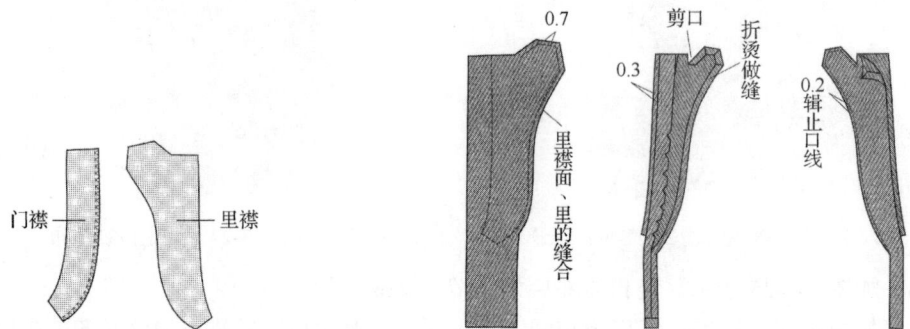

门襟

里襟

0.7

剪口

折烫做缝

0.3

里襟面、里的缝合

0.2

辑止口线

图 4-3-29　门襟和里襟粘衬、锁边

图 4-3-30　缝合里襟面、里（单位：cm）

26）如图 4-3-31 所示，将门襟与左前裤片前中线对齐，沿边缘 0.7cm 缝合。

27）如图 4-3-32 所示，将门襟往里折转熨烫，门襟往内收进 0.3cm，使裤片前中线虚边，沿拼缝边缘缉缝 0.1cm 明线。

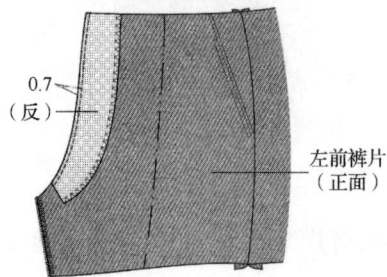

0.7
（反）

左前裤片
（正面）

里外匀 0.3

（正）
（正）

左前裤片
（反面）

图 4-3-31　缝合门襟（单位：cm）

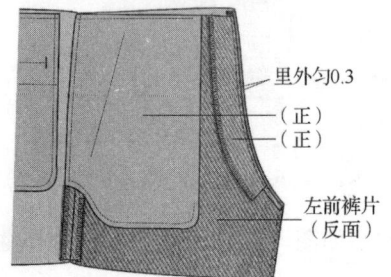

图 4-3-32　门襟虚边熨烫（单位：cm）

28）如图 4-3-33 所示，将拉链边缘与右前裤片边缘对齐，缝合拉链与裤片。

29）如图 4-3-34 所示，将里襟边缘与右前裤片边缘对齐，拉链夹在里襟与裤片之间，缝合里襟与裤片。

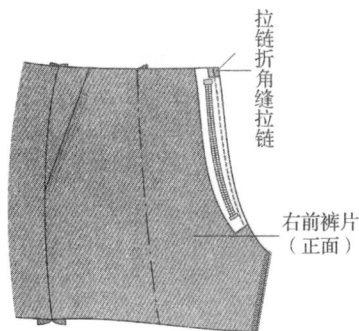

图 4-3-33 固定拉链

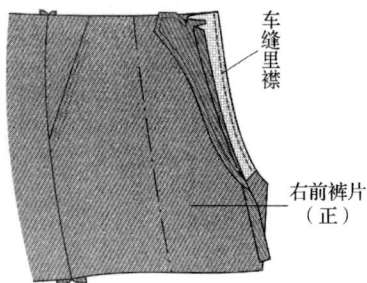

图 4-3-34 缝合里襟与裤片

30）如图 4-3-35 所示，将里襟缝份往右前裤片坐倒，沿右前裤片边缘缉缝 0.2cm 明线，缝至距离拉链底端 5cm 处收针。

31）如图 4-3-36 所示，左右裤腰熨烫腰衬。

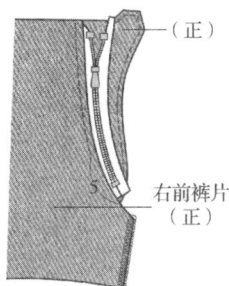

图 4-3-35 里襟坐倒并缉缝明线（单位：cm）

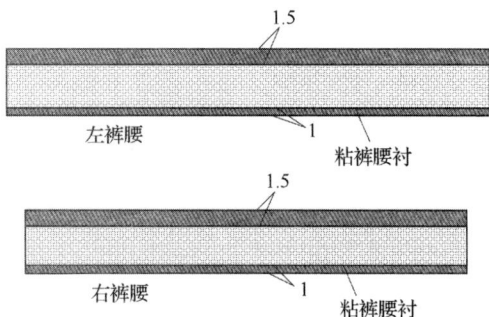

图 4-3-36 熨烫腰衬（单位：cm）

32）如图 4-3-37 所示，将腰里与左右裤腰缝合。

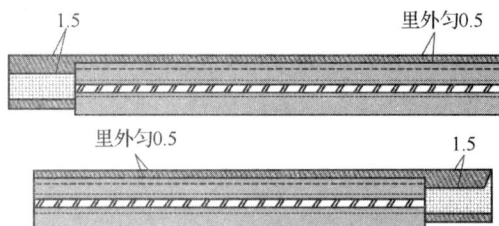

图 4-3-37 缝合腰里（单位：cm）

33）如图 4-3-38 所示，将左右裤腰缝边与左右裤片缝合，缝合裤腰时将裤袢夹于腰线中一起缝合。裤袢位置分别是前裤片烫迹线、侧缝线、后袋中线、后中线往内 1cm 处。裤袢在距离腰线往下 1.2cm 处来回用针或者套结固定，裤袢上端距离腰里 1cm 处固定。

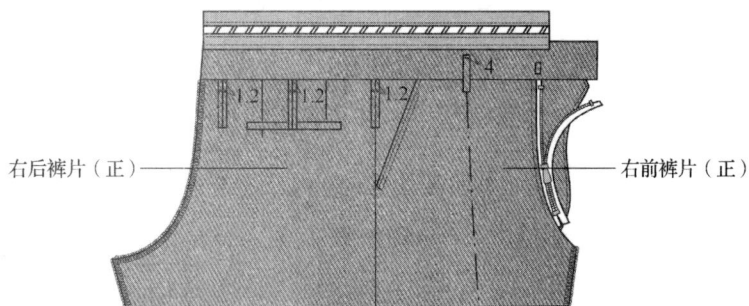

图 4-3-38 绱腰头（单位：cm）

34）如图 4-3-39 所示，将腰头门里襟处多余的量往回折转，沿净样线缝合。

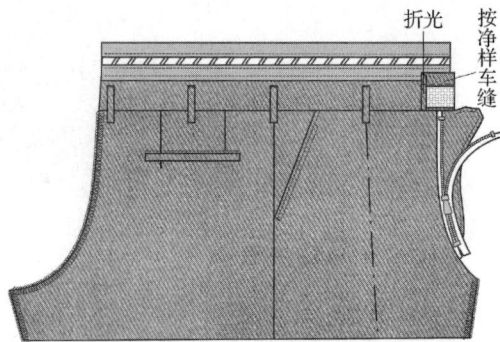

图 4-3-39　封腰口

35）如图 4-3-40 所示，将腰里往反面折转，在距离腰里下端 1.5cm 处用手针绗缝固定腰里与裤片。

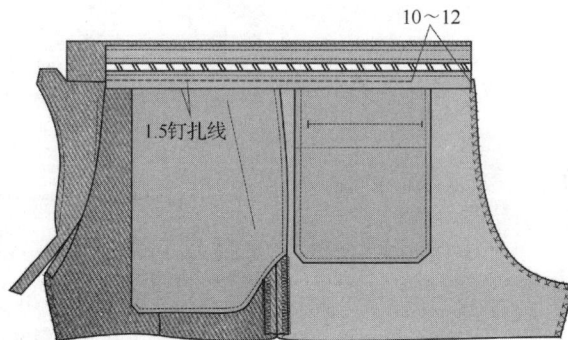

图 4-3-40　固定腰里（单位：cm）

36）如图 4-3-41 所示，将裤腰用手针缲缝固定，裤脚口折转用手针绗缝固定，三角针锁缝裤脚，完成西裤缝制。

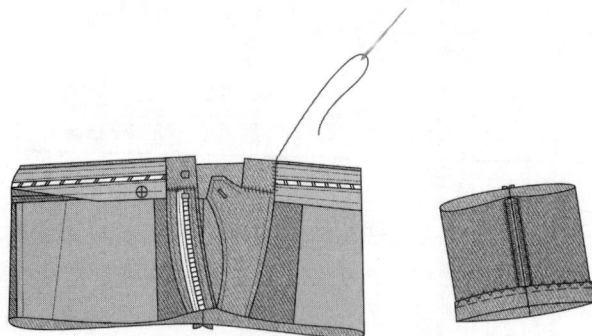

图 4-3-41　缲缝腰头、三角针缝脚口

任务 4.4　牛仔裤缝制工艺

4.4.1　款式图

牛仔裤款式图如图 4-4-1 所示。

图 4-4-1　牛仔裤款式图

4.4.2　结构纸样

1. 尺寸表

160/66A 号型牛仔裤各部位尺寸表如表 4-4-1 所示。

表 4-4-1　160/66A 号型牛仔裤各部位尺寸表　　　　　　　　　　　单位：cm

部位	裤长（L）	腰围（W）	臀围（H）	上裆	脚口	腰头宽
尺寸	100	68	92	27.5	24	3

2. 结构图

牛仔裤结构图如图 4-4-2 所示。

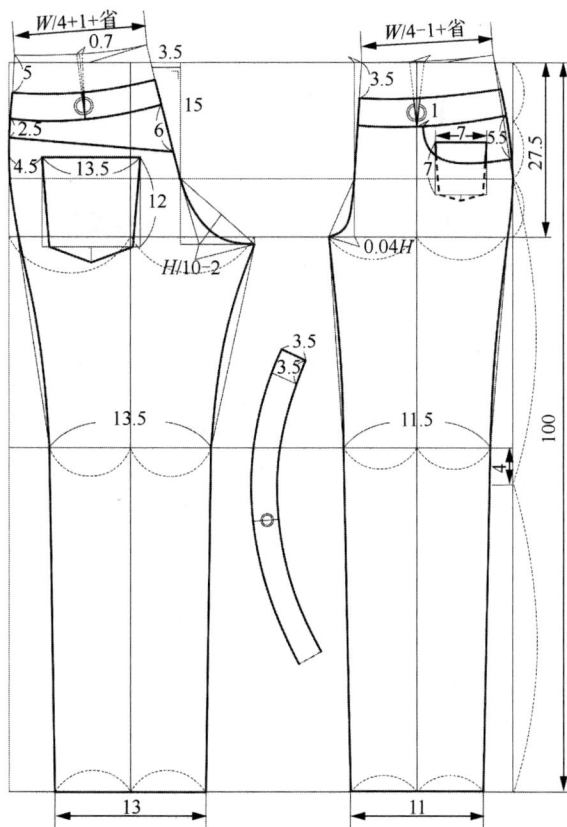

图 4-4-2　牛仔裤结构图（单位：cm）

3. 纸样图

牛仔裤纸样图如图 4-4-3 所示。

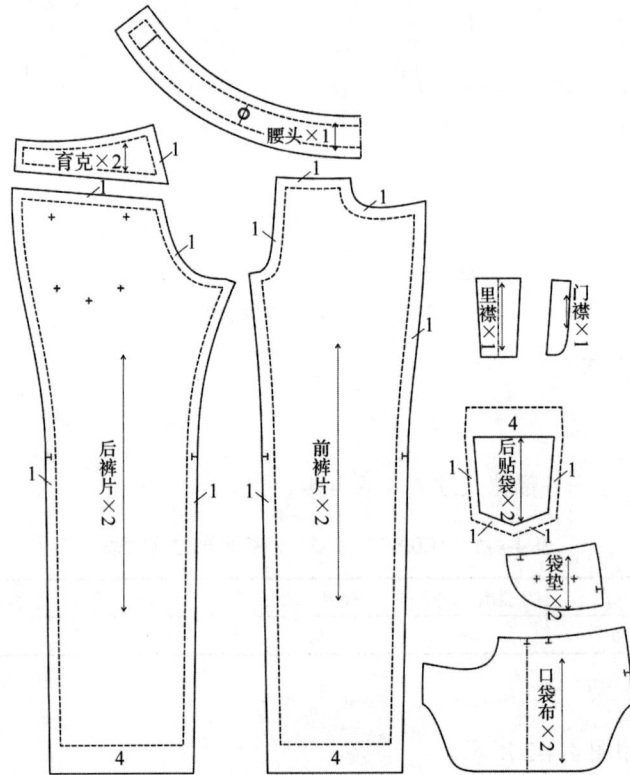

图 4-4-3　牛仔裤纸样图（单位：cm）

4.4.3　缝制步骤

进行布料裁剪，布料裁剪图如图 4-4-4 所示。

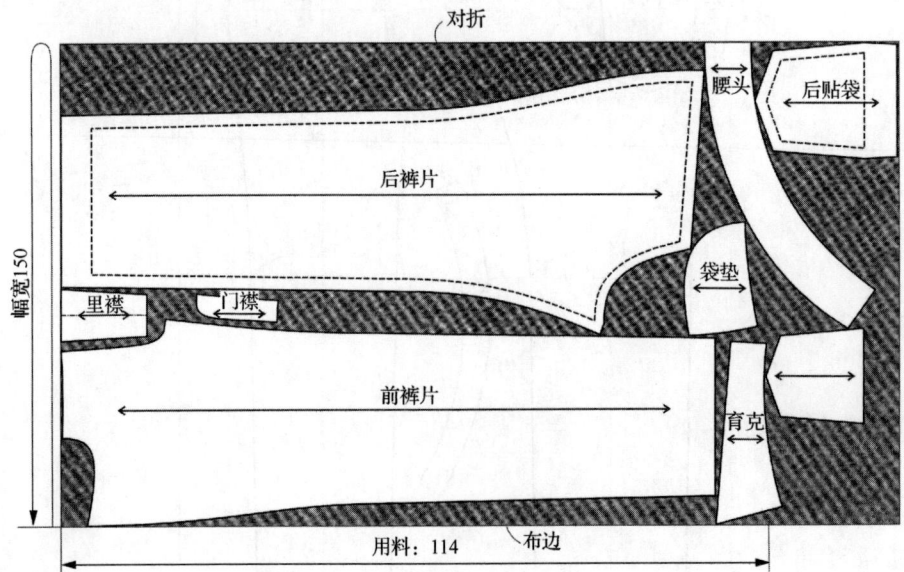

图 4-4-4　布料裁剪图（单位：cm）

具体的缝制步骤如下。

1）如图 4-4-5 所示，将相应裁片粘衬、锁边，标记相应对位点。

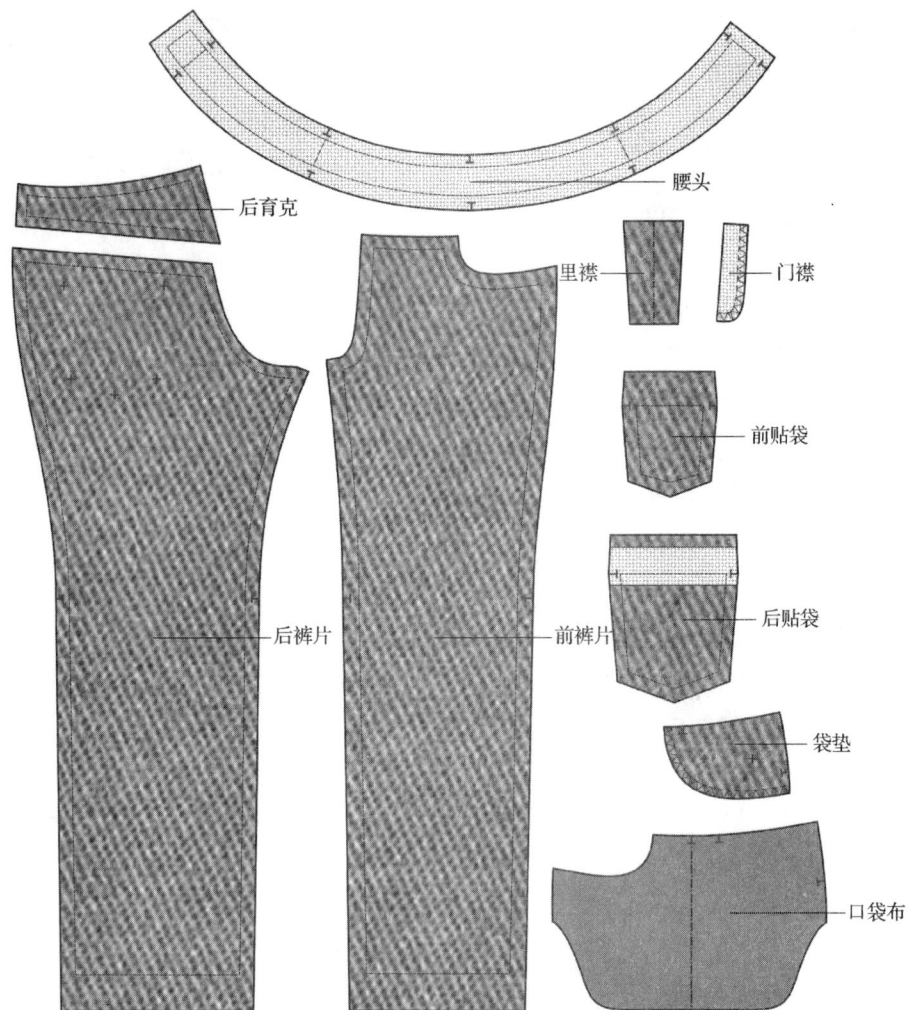

图 4-4-5　整理裁片

2）如图 4-4-6 所示，将后贴袋袋口折边熨烫，沿边缘缉缝 0.2cm 明线，用后贴袋熨烫样板将贴袋缝份折转熨烫。

3）如图 4-4-7 所示，将后贴袋按照后裤片贴袋对位点缉缝固定。

图 4-4-6　熨烫后贴袋

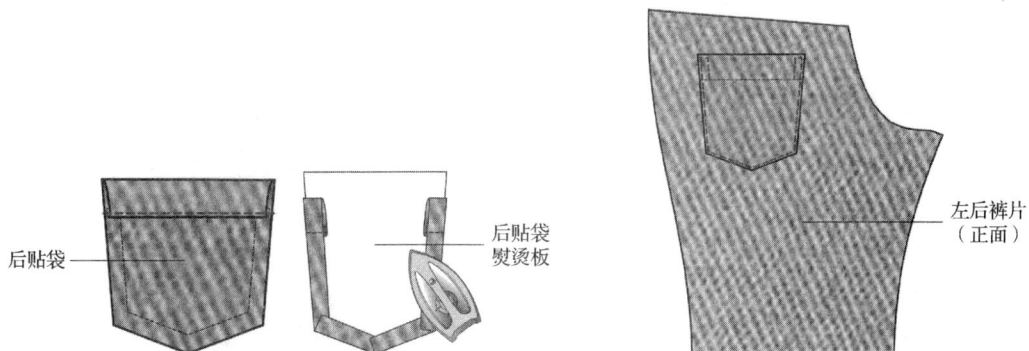

图 4-4-7　缉缝后贴袋

4）如图 4-4-8 所示，将后育克正面与后裤片正面相对，沿净样线缝合，毛边锁边处理。

5）如图 4-4-9 所示，将后育克缝份往上坐倒，缉缝双明线。

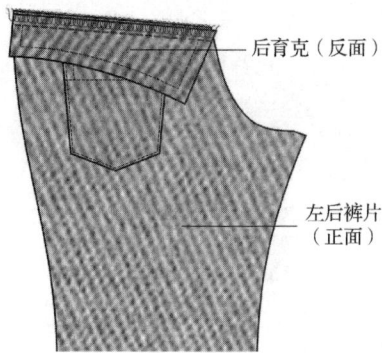

图 4-4-8　缝合后育克

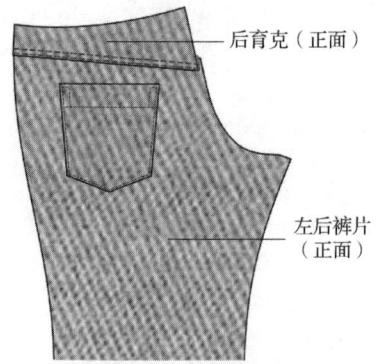

图 4-4-9　后育克缉缝双明线

6）如图 4-4-10 所示，将前裤片月牙袋袋垫与口袋布对位点对齐，沿袋垫弧线与口袋布缝合，再将左侧月牙袋中的内贴袋与口袋布缝合。

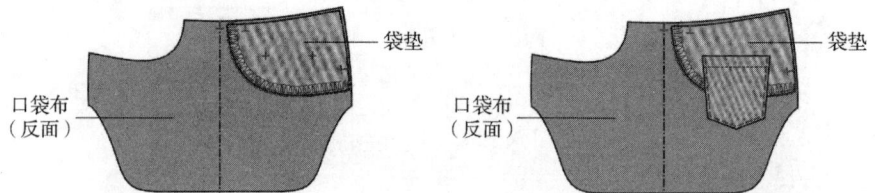

图 4-4-10　缝合内贴袋

7）如图 4-4-11 所示，口袋布正面相对，沿口袋底端 0.5cm 缝合口袋，修剪口袋缝份，翻转口袋至正面，沿口袋底端缉缝 0.6cm 明线。

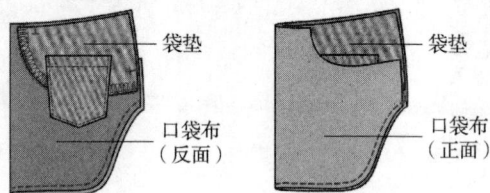

图 4-4-11　缝合口袋 1

8）如图 4-4-12 所示，将口袋布反面与裤片正面相对，袋口弧线对齐，缝合口袋布与裤片。

9）如图 4-4-13 所示，袋口弧线打剪口，将口袋布翻转至裤片反面，袋口虚边处理，沿袋口缉缝 0.6cm 明线。

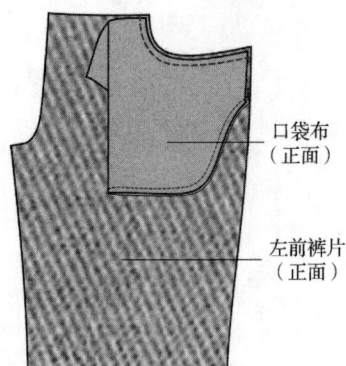

图 4-4-12　缝合口袋 2

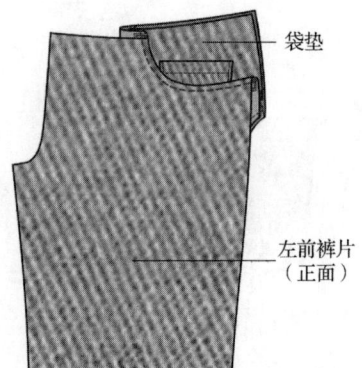

图 4-4-13　袋口缉缝明线

10）如图 4-4-14 所示，将前裤片正面与后裤片正面相对，外侧缝对齐，沿净样线缝合，毛边锁边处理。

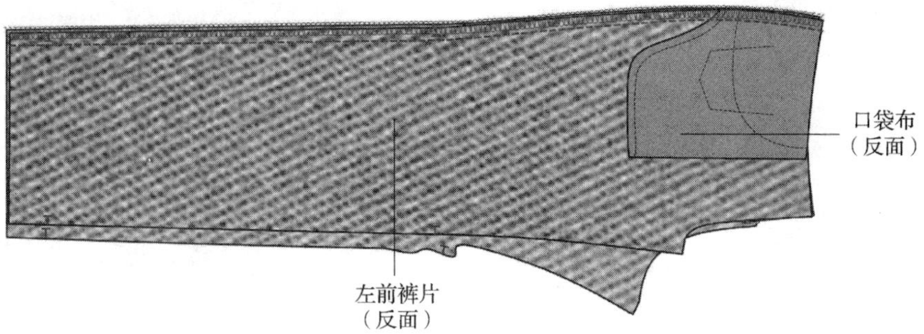
口袋布
（反面）
左前裤片
（反面）

图 4-4-14 缝合外侧缝

11）如图 4-4-15 所示，外侧缝缝份往后裤片坐倒，缉缝双明线。

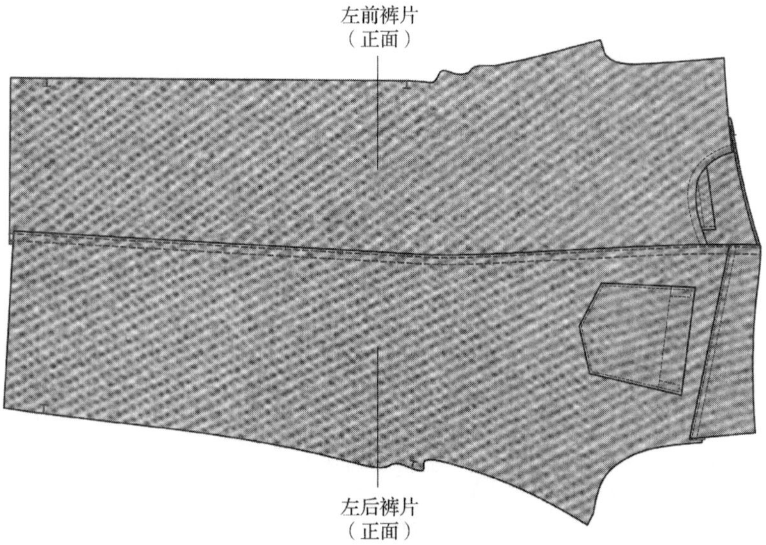
左前裤片
（正面）
左后裤片
（正面）

图 4-4-15 外侧缉缝双明线

12）如图 4-4-16 所示，使前裤片正面与后裤片正面相对，内侧缝边缘对齐，沿净样线缝合前后裤片，毛边锁边处理。

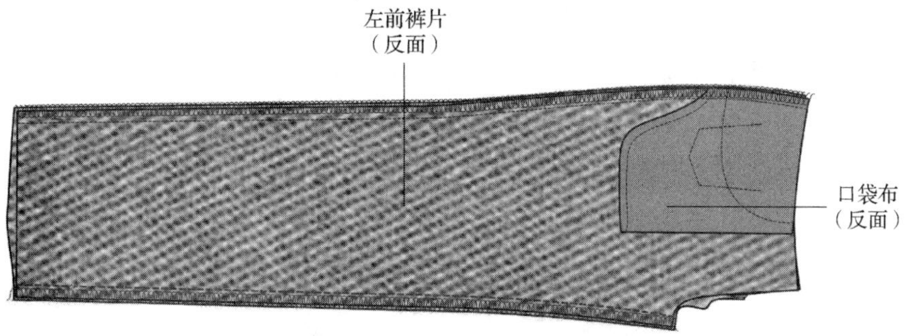
左前裤片
（反面）
口袋布
（反面）

图 4-4-16 缝合内侧缝

13）如图 4-4-17 所示，装拉链，缝合裆缝。

14）如图 4-4-18 所示，门襟缉缝双明线，裆缝缝份倒向门襟侧，缉缝双明线，门襟底端套结加固。

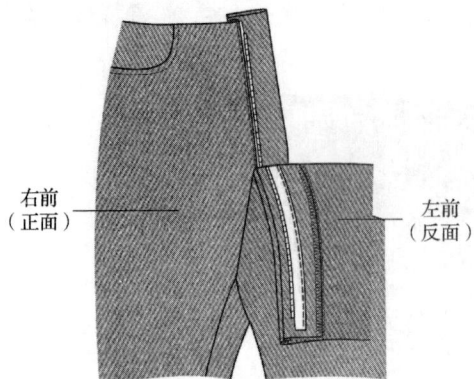

图 4-4-17　装拉链　　　　　　　　　图 4-4-18　门襟缉缝双明线

15）如图 4-4-19 所示，腰头面里正面相对缝合。

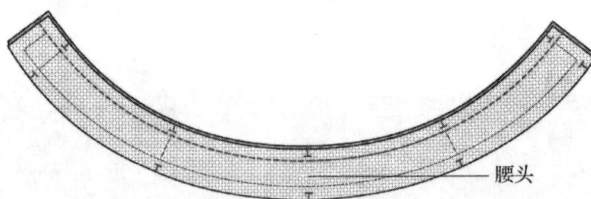

腰头

图 4-4-19　缝合腰头

16）如图 4-4-20 所示，装腰头，腰头四周缉缝 0.15～0.2cm 明线。

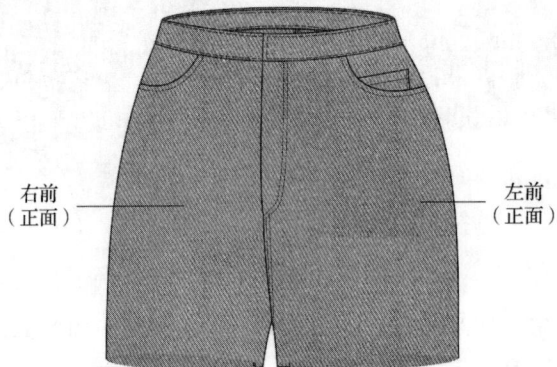

图 4-4-20　装腰头

17）如图 4-4-21 所示，固定裤袢，完成牛仔裤的缝制。

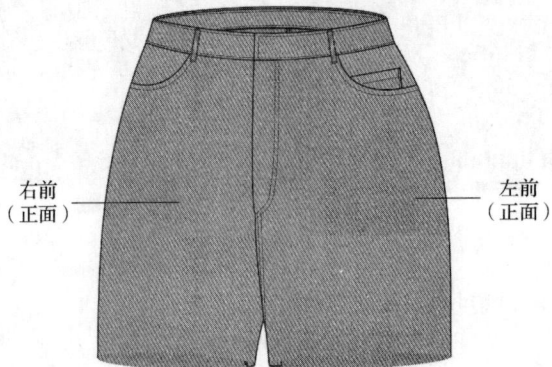

图 4-4-21　装裤袢

项目实践

1. 为自己或者家人设计一款裤子，测量相关部位尺寸，并制作出样版、裁剪制作相应的成衣，着装试穿并拍摄正、背、侧照片。

2. 3～5 人为一组，利用周末或其他节假日，去附近的服装厂进行深入学习与实践，记录并亲自参与一款裤子的整个生产过程，并将学习与实践过程中所搜集的相关资料素材整理成 PPT 进行实践汇报。

读书笔记

项目 5

衬衫缝制工艺

教学目的

本项目从衬衫部件分解制作入手，从零到整，向学生介绍衬衫制作的方法与流程。通过学习本项目，学生应对工时、工序有基本的认识与了解，掌握衬衫的缝制工艺，为从事相关领域的工作打下坚实的基础。

教学方式

教师可以采取理论讲解、示范演示和实践训练相结合的教学方式，根据教材内容及学生具体情况灵活确定训练内容，培养学生的动手能力。

任务5.1 衬衫部件缝制工艺

5.1.1 立领工艺

1. 款式图

立领款式图如图 5-1-1 所示。

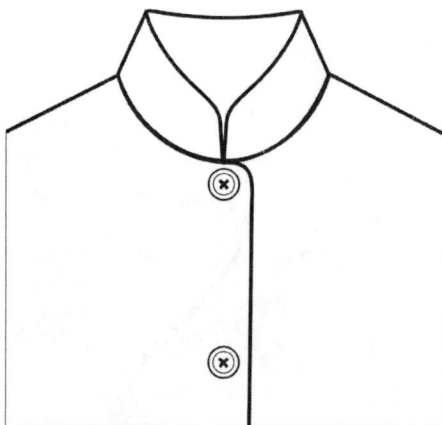

图 5-1-1 立领款式图

2. 缝制步骤

1）进行布料裁剪，立领裁片图如图 5-1-2 所示。

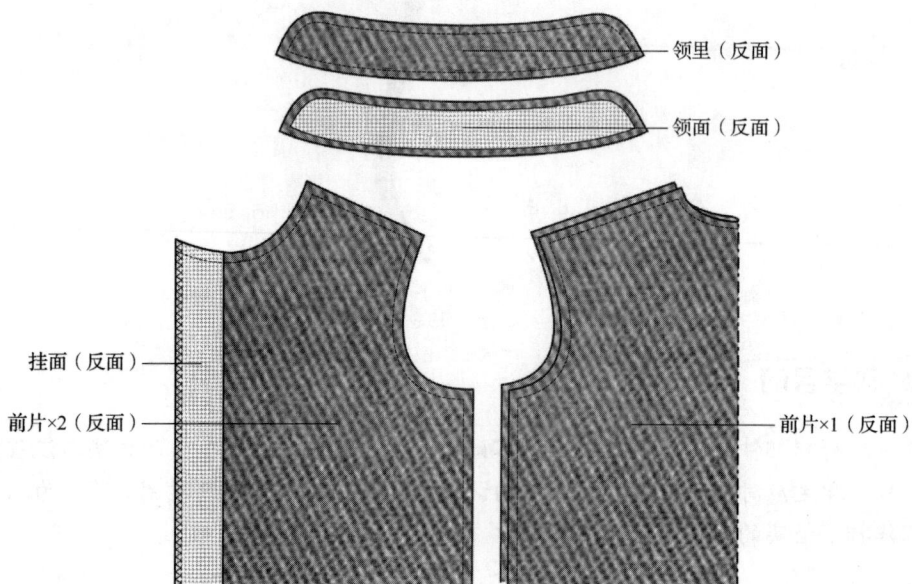

图 5-1-2 立领裁片图

2）如图 5-1-3 所示，将领面正面与领里正面相对，上领口弧线对齐，在距离净样线 0.2cm 处缝合领面与领里。在领口弧线处剪口。

图 5-1-3　缝合领口弧线

3）如图 5-1-4 所示，将领里下领口弧线沿净样线折转熨烫，上领口弧线缝份往领里折转熨烫，领角熨烫圆顺。

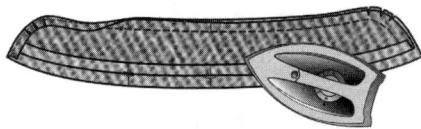

图 5-1-4　熨烫外领口弧线

4）如图 5-1-5 所示，将领子翻转至正面，领里往内虚边 0.2cm，外领口弧线熨烫圆顺。

图 5-1-5　领里虚边熨烫

5）如图 5-1-6 所示，将领面正面与衣身正面相对，领底弧线与领口弧线对齐，装领点与衣身剪口一一对应缝合领子。

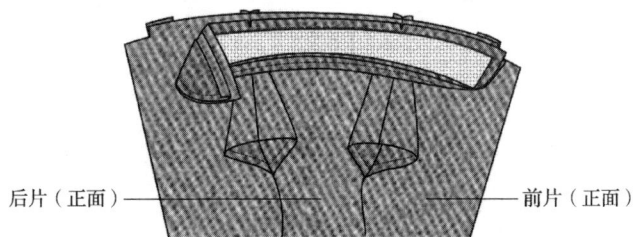

图 5-1-6　装领

6）如图 5-1-7 所示，将领子翻转至正面，领里包住衣身缝份，沿领里折边用手针缲缝固定领里与衣身。

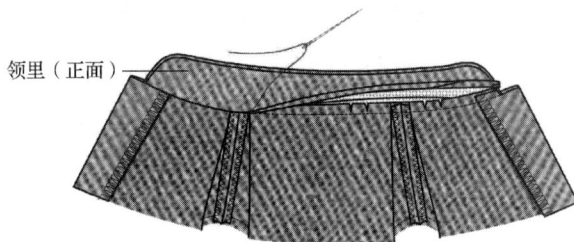

图 5-1-7　领里缲缝

5.1.2　立翻领工艺

1. 款式图

立翻领款式图如图 5-1-8 所示。

立翻领工艺

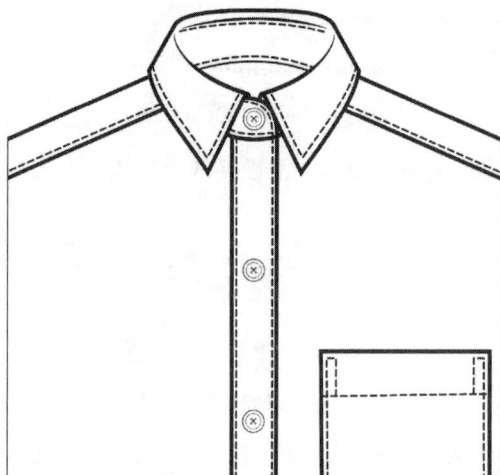

图 5-1-8　立翻领款式图

2. 缝制步骤

1）进行布料裁剪，立翻领裁片图如图 5-1-9 所示。

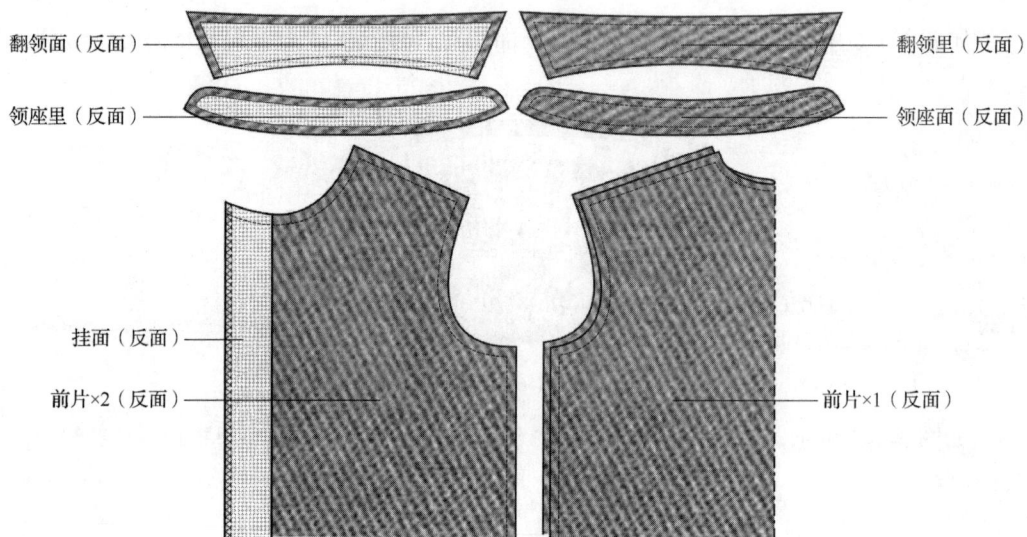

图 5-1-9　立翻领裁片图

2）如图 5-1-10 所示，将翻领面正面与翻领里正面相对，翻领外领口线对齐，沿净样线往外 0.2cm 缝合翻领面里。

3）如图 5-1-11 所示，将翻领缝份往翻领里折转熨烫，翻领面里需做虚边处理，翻领缝份折烫时露出翻领缝线，将折边多出的角清剪。

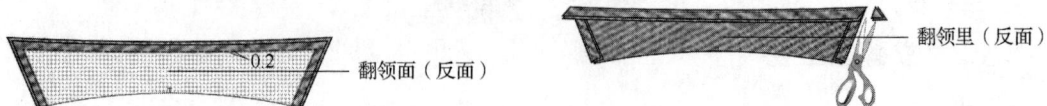

图 5-1-10　缝合翻领（单位：cm）

图 5-1-11　折烫翻领后清剪多出的角

4）如图 5-1-12 所示，将翻领翻转至正面，翻领里往内虚边 0.2cm，沿翻领边线缉缝 0.4cm 明线。

5）如图 5-1-13 所示，领座里下领口弧线沿净样线折边 1cm，缉缝 0.8cm 明线。

图 5-1-12 翻领缉缝明线（单位：cm）

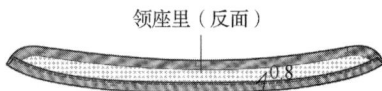
图 5-1-13 领座里折边（单位：cm）

6）如图 5-1-14 所示，将领座里与翻领面相对，领座面与翻领里相对，领座面上领口弧线、领座里上领口弧线、翻领上领口弧线三线合一，对位点一一对应缝合。

7）如图 5-1-15 所示，将领座上领口弧线圆角处修剪缝份，翻转至正面，在距离翻领装领点 5cm 处开始沿领座边缘缉缝 0.1cm 明线。

图 5-1-14 缝合领座与翻领

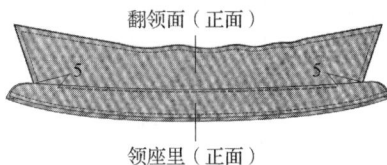
图 5-1-15 领座缉缝明线 1（单位：cm）

8）如图 5-1-16 所示，将领座面与衣身正面相对，领底弧线与领口弧线对齐，自装领点开始剪口一一对应，将领座与衣身缝合。

9）如图 5-1-17 所示，将领座翻至衣片反面，领座里包住领口缝份，与领座上领口明线重叠 3 针，领座缉缝明线一周。

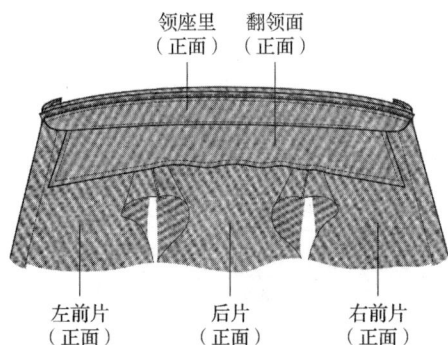
图 5-1-16 装领

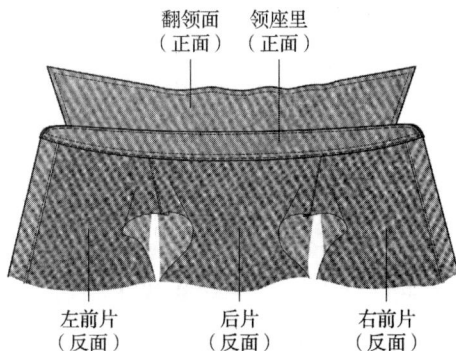
图 5-1-17 领座缉缝明线 2

5.1.3 袖衩工艺

1. 款式图

袖衩款式图如图 5-1-18 所示。

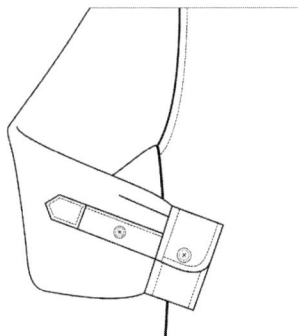
图 5-1-18 袖衩款式图

宝剑头袖衩工艺

2. 缝制步骤

1）进行布料裁剪，袖衩裁片图如图 5-1-19 所示。

2）如图 5-1-20 所示，将袖衩门襟用熨烫样板折烫平整，袖衩里襟对折之后将 1/2 宽度再对折一次，熨烫平整。

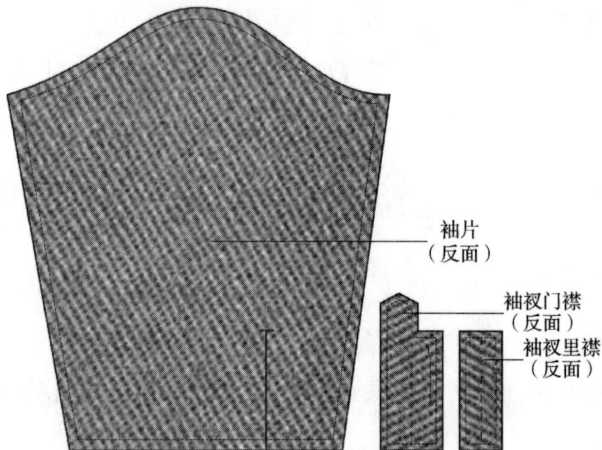

图 5-1-19　袖衩裁片图

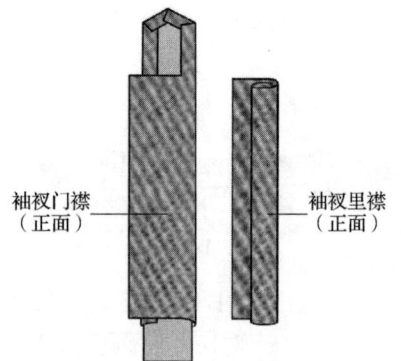

图 5-1-20　熨烫袖衩

3）如图 5-1-21 所示，将门襟、里襟正面与袖片反面相对，门襟靠里、里襟靠外，毛边对齐开衩线，将门、里襟沿着门里襟折边与袖片缝合，缝合长度为袖衩长度，在距离里襟 1cm 处收针。

4）如图 5-1-22 所示，将袖衩缝份往两边折转熨烫，沿开衩位置剪开袖衩，在开衩顶端剪三角。

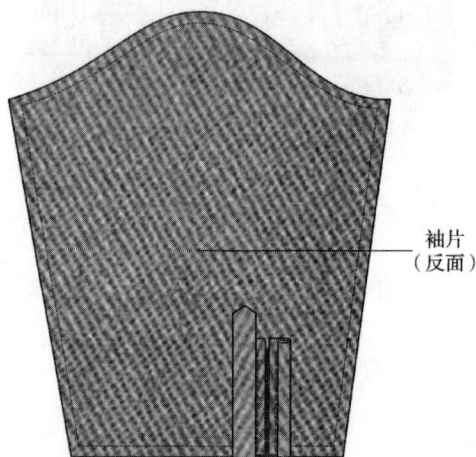

图 5-1-21　缝合袖衩

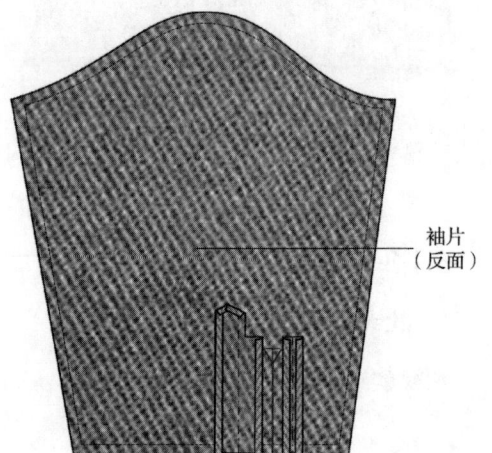

图 5-1-22　剪三角

5）如图 5-1-23 所示，将袖衩里襟翻转至正面，里襟包住缝份，沿边缘缉缝 0.1cm 明线。

6）如图 5-1-24 所示，将里襟与三角对齐，缝合里襟与三角，固定袖衩三角。

7）如图 5-1-25 所示，将门襟翻转至正面，与里襟重叠，熨烫平整，沿门襟边缘缉缝 0.1cm 明线。

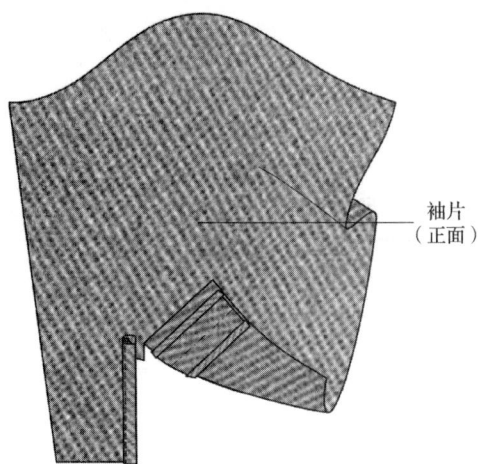

图 5-1-23　里襟缉缝明线

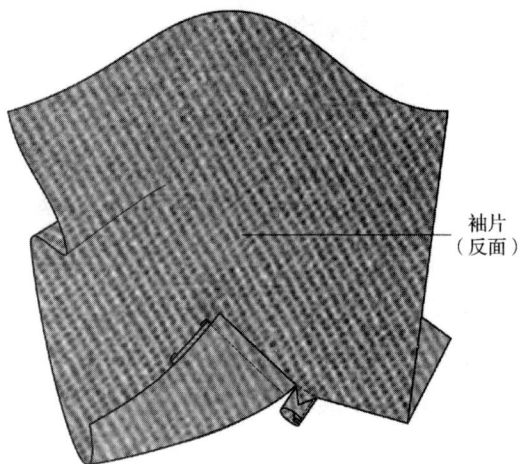

图 5-1-24　固定袖衩三角

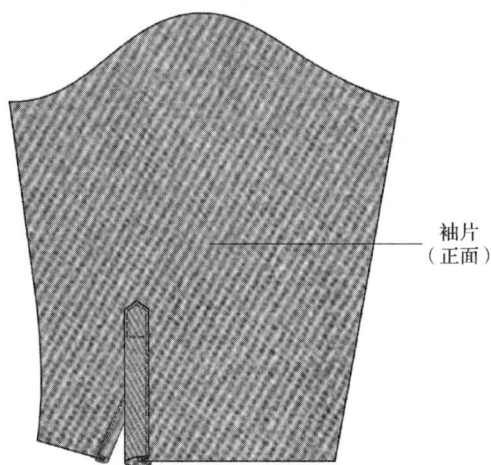

图 5-1-25　门襟缉缝明线

任务5.2　女衬衫缝制工艺

5.2.1　款式图

女衬衫款式图如图 5-2-1 所示。

图 5-2-1　女衬衫款式图

5.2.2 结构纸样

1. 尺寸表

160/84A 号型女衬衫各部位尺寸表如表 5-2-1 所示。

表 5-2-1　160/84A 号型女衬衫各部位尺寸表

单位：cm

部位	衣长（L）	胸围（B）	肩宽	袖长（SL）	袖口	袖头宽
尺寸	65	94	39	58	20	5

2. 结构图

女衬衫结构图如图 5-2-2 所示。

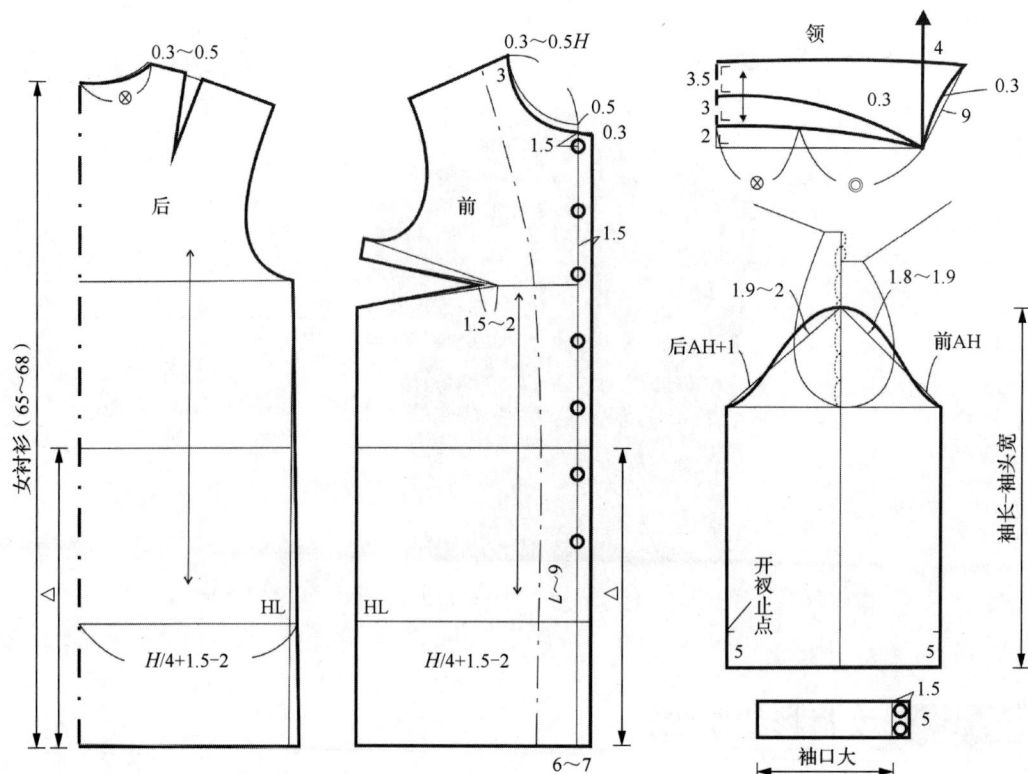

图 5-2-2　女衬衫结构图（单位：cm）

3. 纸样图

女衬衫纸样图如图 5-2-3 所示。

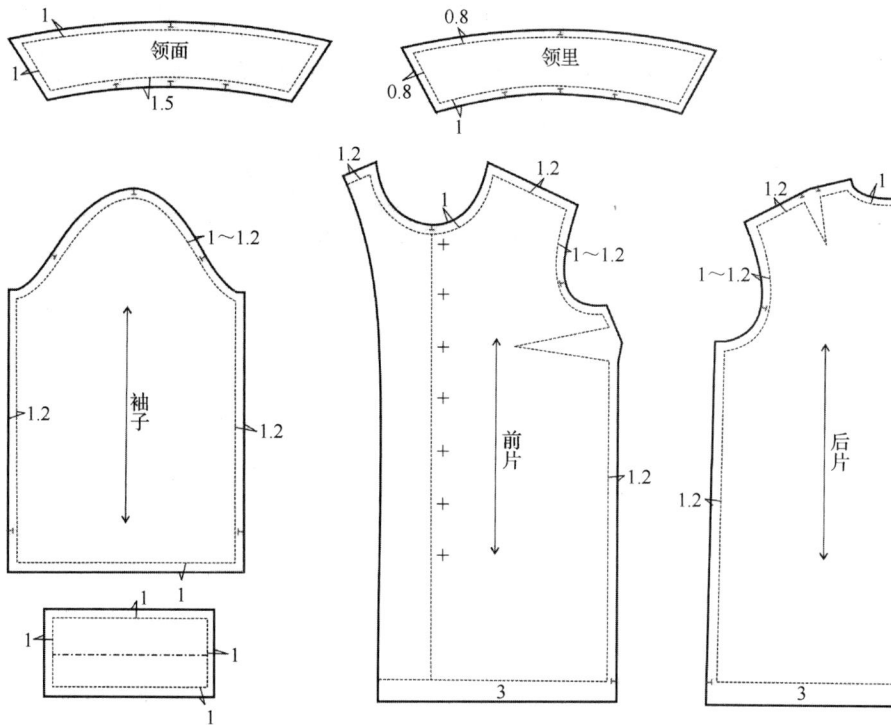

图 5-2-3　女衬衫纸样图（单位：cm）

5.2.3　缝制步骤

先进行布料裁剪，布料裁剪图如图 5-2-4 所示。

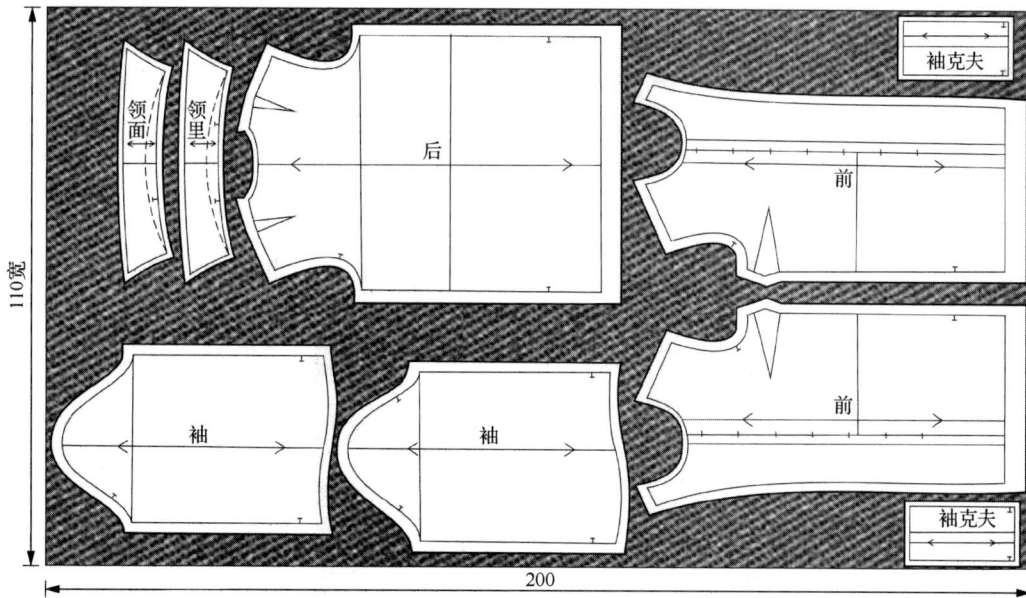

图 5-2-4　布料裁剪图（单位：cm）

具体的缝制步骤如下。

1）如图 5-2-5 所示，缉缝胸省，省尖预留一定长度缝线，缝线打结处理。

2）如图 5-2-6 所示，将前片胸部放在烫枕上进行熨烫，胸省往下坐倒，胸省处熨烫出胸部的立体感。

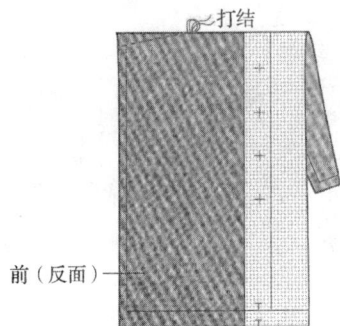

图 5-2-5　省道缝合

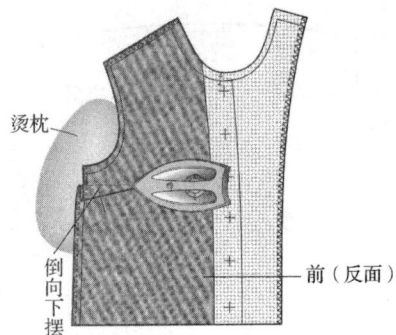

图 5-2-6　熨烫胸省

3）如图 5-2-7 所示，缝合肩省，省尖打结处理，省道往领口坐倒熨烫。

4）如图 5-2-8 所示，将前片正面与后片正面相对，肩线对齐缝合，肩缝分缝熨烫。

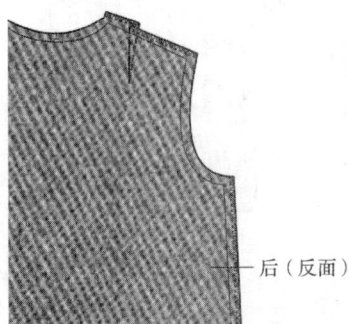

图 5-2-7　缝合肩省

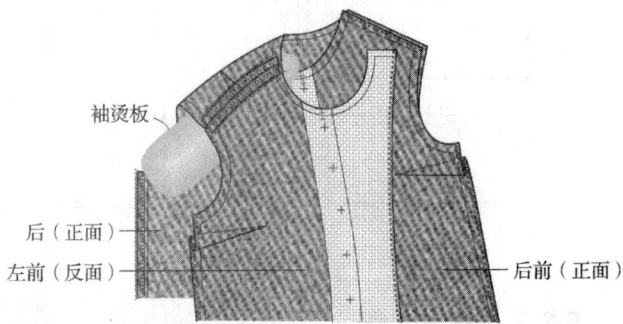

图 5-2-8　缝合肩缝

5）如图 5-2-9 所示，将领面、领里正面相对，沿领子净样线用手针绗缝固定，领面领角处略放松。

6）如图 5-2-10 所示，沿领子绗缝线往外 0.2cm 缝合领面与领里。

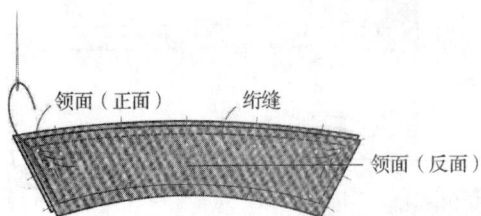

图 5-2-9　绗缝固定领面与领里

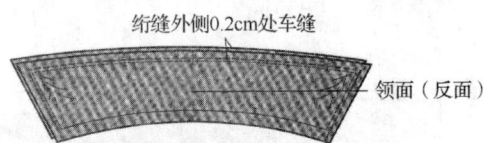

图 5-2-10　缝合领面与领里

7）如图 5-2-11 所示，将领子缝份修剪成 0.5cm，剪去领角斜角。

8）如图 5-2-12 所示，将领面缝份折转熨烫。

图 5-2-11　修剪领子缝份（单位：cm）

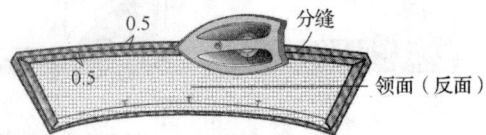

图 5-2-12　领面缝份熨烫（单位：cm）

9）如图 5-2-13 所示，将领角缝份往领面折扣，用拇指按住缝份，翻转领子顶出领角，使领角方正。

10）如图 5-2-14 所示，翻领熨烫，使翻领里往内虚边，领角形成自然窝势。

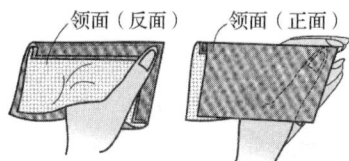

图 5-2-13　翻转领角

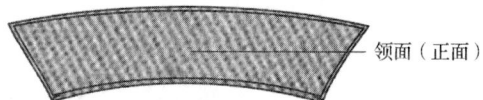

图 5-2-14　熨烫翻领

11）如图 5-2-15 所示，将领面往领里折扣，使领子形成内扣状，用手针将领面与领里绗缝固定。

12）如图 5-2-16 所示，将翻领面左右两端自肩线往外 1～1.5cm 预留长度，距离肩点往外 1～1.5cm 处在领面打剪口。

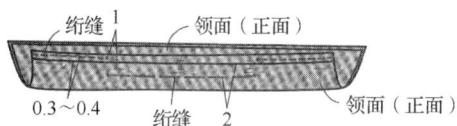

图 5-2-15　领面与领里固定（单位：cm）

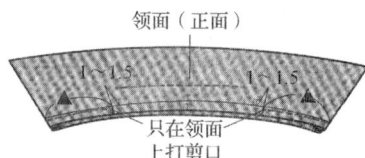

图 5-2-16　翻领领口弧线处理（单位：cm）

13）如图 5-2-17 所示，将翻领领口中部缝边往内折转熨烫。

14）如图 5-2-18 所示，找到前领口与翻领对位点。

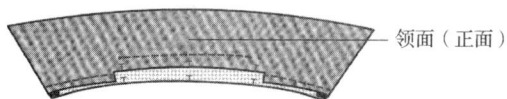

图 5-2-17　折转翻领领口中部缝边

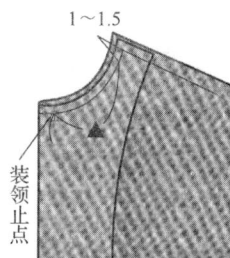

图 5-2-18　确定领口对位点（单位：cm）

15）如图 5-2-19 所示，将翻领里与衣身正面相对，自前领口装领点与衣身剪口一一对应，缝合翻领与衣身。

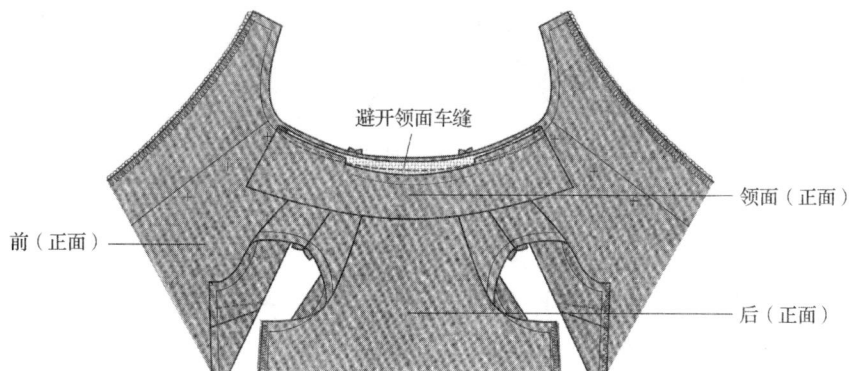

图 5-2-19　装领

16）如图 5-2-20 所示，将挂面正面与衣片正面相对，领口对齐，肩部折边收光，缝合挂面与衣身前领口弧线。

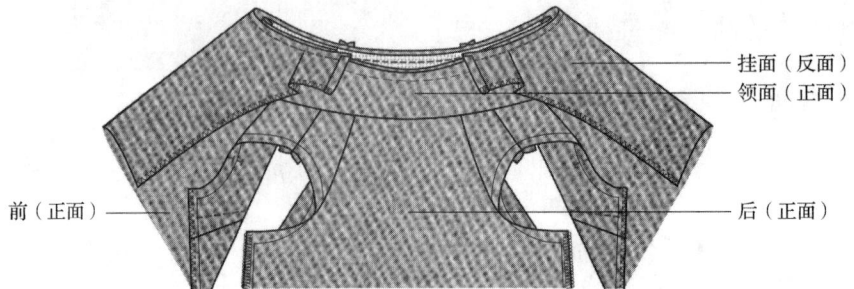

图 5-2-20　缝合挂面与衣身前领口弧线

17）如图 5-2-21 所示，适当修剪领口弧线缝份，在前、后领口弧线处打剪口。

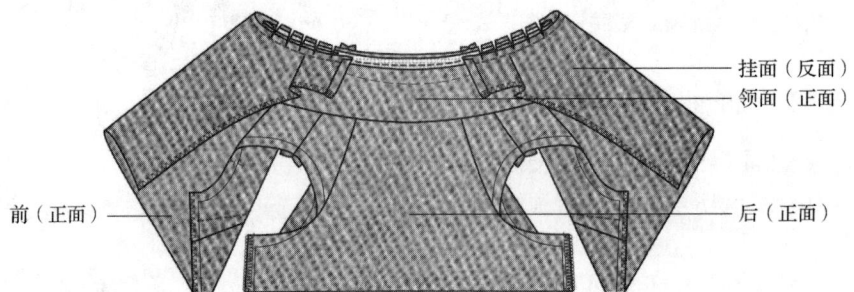

图 5-2-21　领口弧线缝份处理

18）如图 5-2-22 所示，将挂面肩部手针缲缝与肩缝固定，前领口弧线沿挂面领口边缘缉缝 0.2cm 明线，后领沿翻领边缘缉缝 0.2cm 明线。

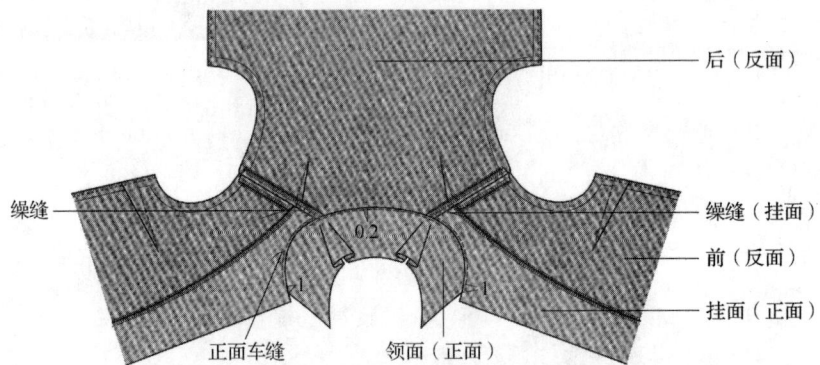

图 5-2-22　沿翻领边缘缉缝明线（单位：cm）

19）如图 5-2-23 所示，将前后衣片正面相对，缝合侧缝线，侧缝分缝熨烫。

20）如图 5-2-24 所示，将挂面下摆翻折向衣片正面，与衣片缝合，修剪缝份，翻转至正面，下摆卷边用手针绗缝固定。

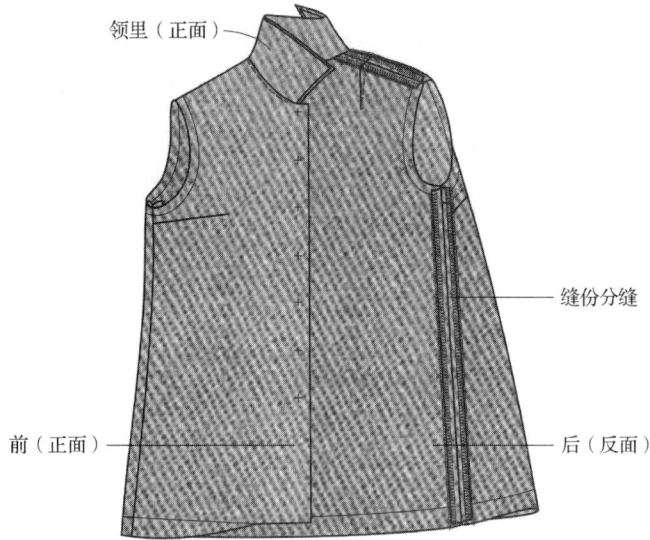

领里（正面）

缝份分缝

前（正面）

后（反面）

图 5-2-23　缝合侧缝

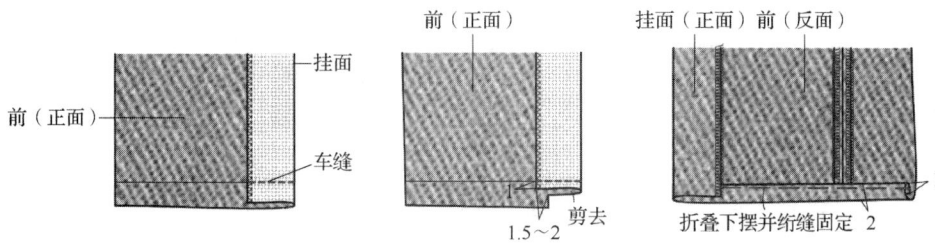

前（正面）

挂面

车缝

前（正面）

1.5~2

剪去

挂面（正面）前（反面）

1

折叠下摆并绗缝固定　2

图 5-2-24　下摆处理（单位：cm）

21）如图 5-2-25 所示，袖山与袖口分别手针拱针缩缝，袖山第一道线距离净样线 0.2cm，第二道线距离第一道线 0.5cm，袖口第一道线距离净样线 0.2cm，第二道线距离第一道线 0.5cm。

22）如图 5-2-26 所示，将袖口拱针缝线往两边抽紧，抽至长度为袖克夫长度，将褶量熨烫平整。

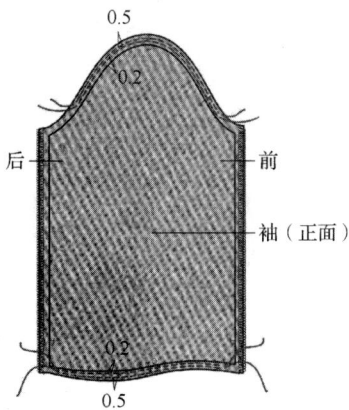

0.5

0.2

后

前

袖（正面）

0.2

0.5

袖（正面）

0.2

图 5-2-25　袖山、袖口缩缝（单位：cm）

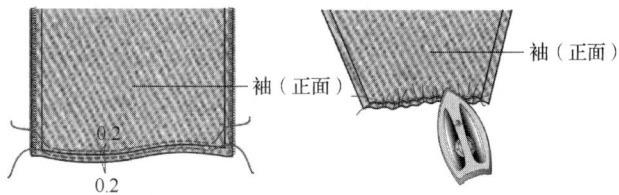

袖（正面）

0.2

图 5-2-26　袖口抽褶（单位：cm）

23）如图 5-2-27 所示，袖克夫沿中线缉缝明线，做好对位标记，袖克夫里折边熨烫。

24）如图 5-2-28 所示，将袖克夫与袖子正面相对，对位点一一对应，缝合袖克夫与袖子。

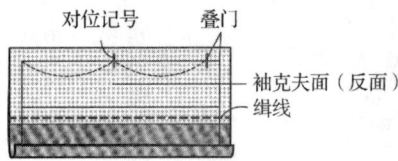

图 5-2-27　熨烫袖克夫

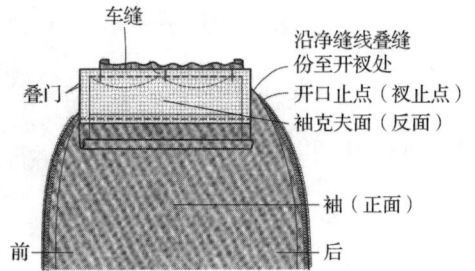

图 5-2-28　缝合袖克夫 1

25）如图 5-2-29 所示，使袖克夫正面相对，缝合袖克夫两端。

26）如图 5-2-30 所示，将袖克夫翻转至正面，袖克夫里边缘用手针缲缝固定，也可以直接缉缝。

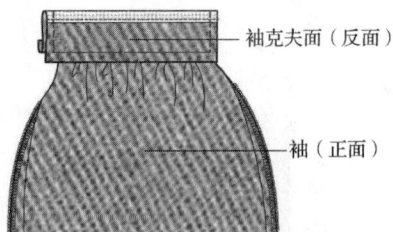

图 5-2-29　缝合袖克夫 2

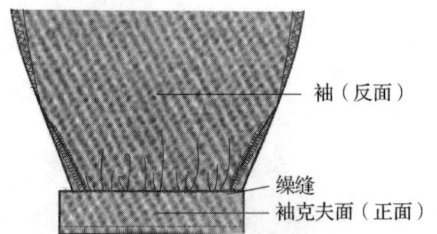

图 5-2-30　缲缝袖克夫里

27）如图 5-2-31 所示，将袖子正面相对，缝合袖底缝，缝至开衩止点，缝份分缝熨烫。

28）如图 5-2-32 所示，将袖山头拱针缝线两端抽紧，使袖山头形成均匀褶量，熨烫平整。

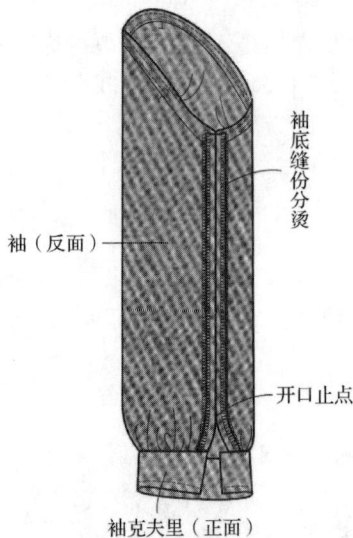

图 5-2-31　缝合袖底缝

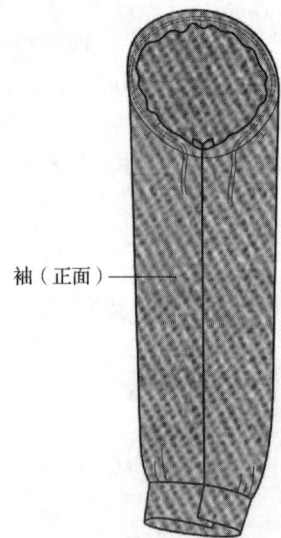

图 5-2-32　袖山抽褶

29）如图 5-2-33 所示，将袖子与衣身正面相对，袖子套于衣身中，袖山对位剪口与衣身对位点一一对应，沿袖窿弧线手针绗缝一圈。

30）如图 5-2-34 所示，沿袖窿弧线缝合袖子与衣身，袖子缝合时褶量均匀，无明显死褶。将袖窿与袖山毛边一起锁边处理。下摆沿折边边缘缉缝 0.2cm 明线。

31）如图 5-2-35 所示，锁眼、钉扣、整烫，完成女衬衫缝制。

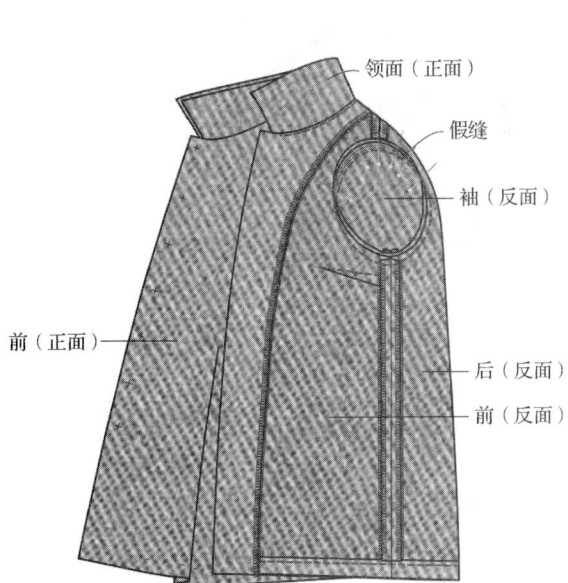

图 5-2-33　绗缝固定袖窿

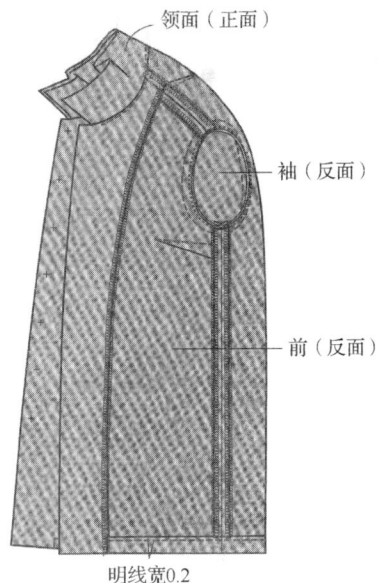

图 5-2-34　缝合袖子（单位：cm）

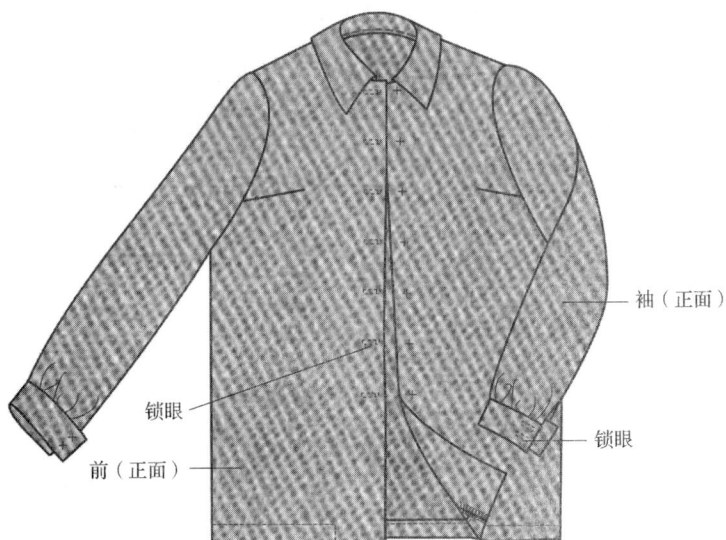

图 5-2-35　成衣整理

任务 5.3　男衬衫缝制工艺

5.3.1　款式图

男衬衫款式图如图 5-3-1 所示。

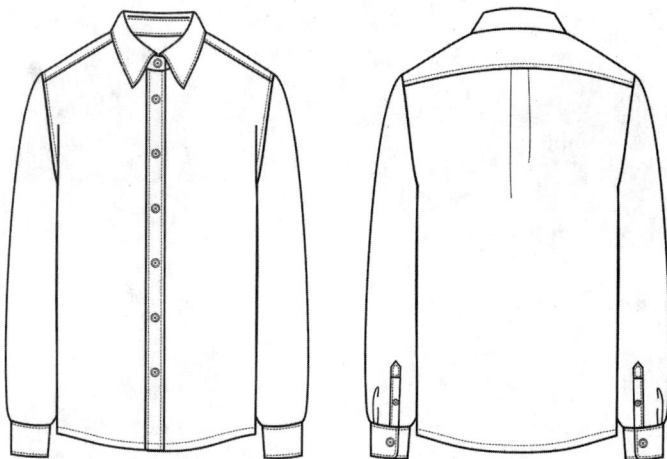

图 5-3-1　男衬衫款式图

5.3.2　结构纸样

1. 尺寸表

170/88A 号型男衬衫各部位尺寸表如表 5-3-1 所示。

表 5-3-1　170/88A 号型男衬衫各部位尺寸表　　　　　　　单位：cm

部位	衣长（L）	胸围（B）	肩宽（S）	领围	袖长（SL）	袖口（CW）	袖头宽
尺寸	75	104	46	42	60	24	5

2. 结构图

男衬衫结构图如图 5-3-2 所示。

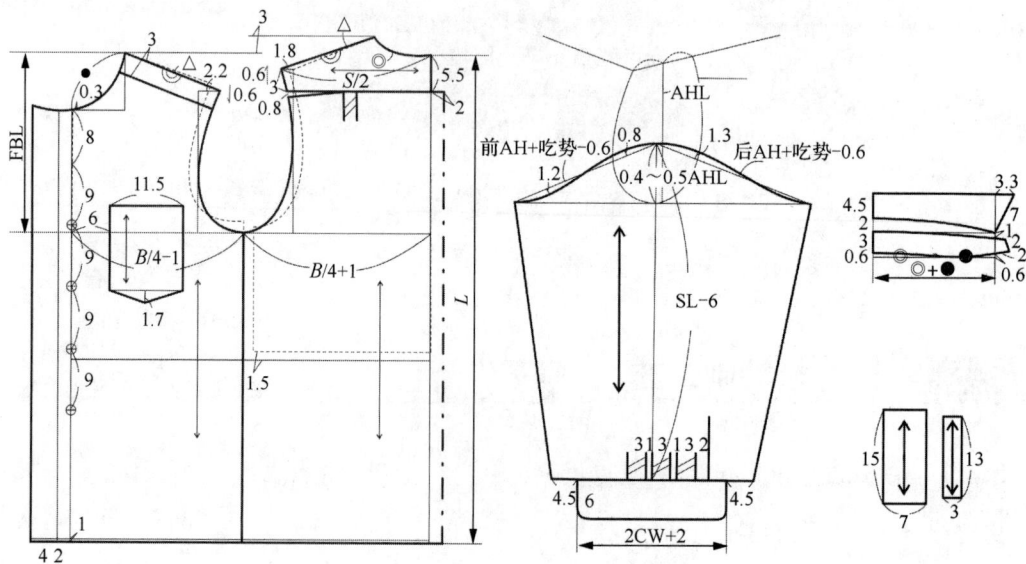

图 5-3-2　男衬衫结构图（单位：cm）

3. 纸样图

男衬衫纸样图如图 5-3-3 所示。

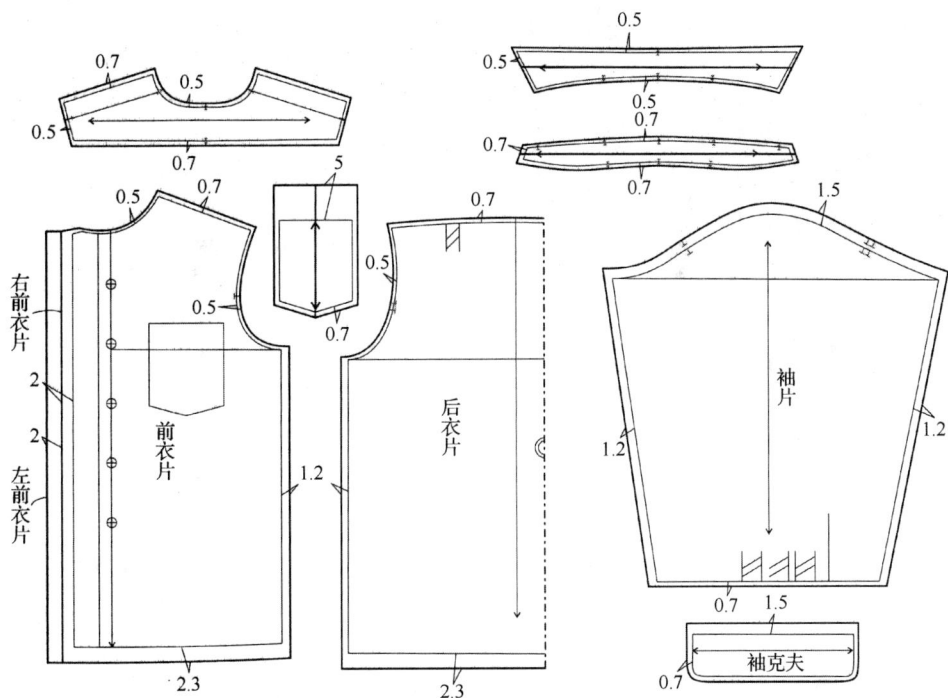

图 5-3-3　男衬衫纸样图（单位：cm）

5.3.3　缝制步骤

先进行布料裁剪，布料裁剪图如图 5-3-4 所示。

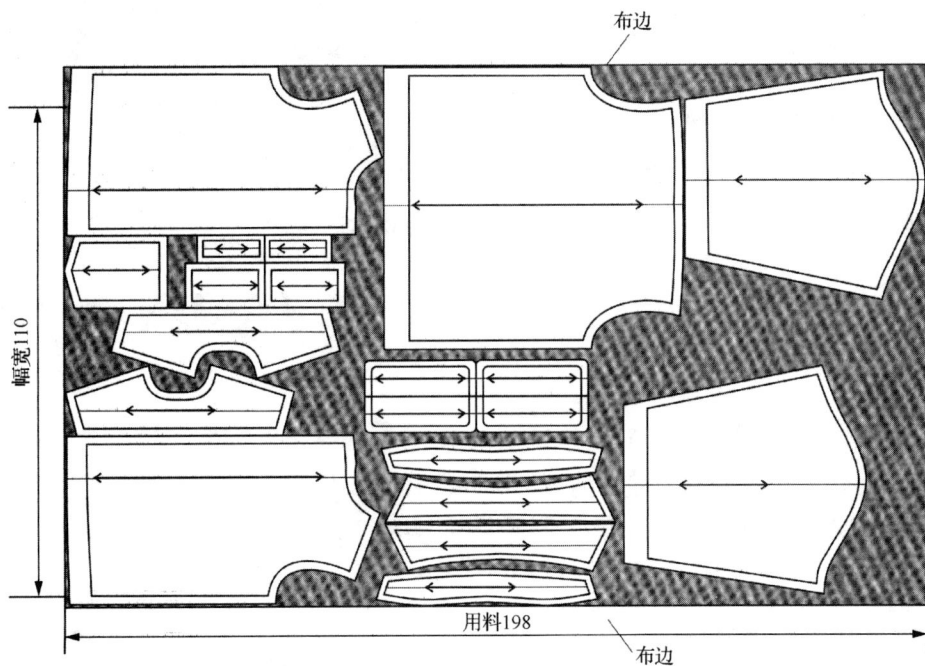

图 5-3-4　布料裁剪图（单位：cm）

具体的缝制步骤如下。

1）如图 5-3-5 所示，将后衣片夹于两片覆势之间，对齐分割线，沿边缘 0.7cm 缝合，将缝份倒向覆势面，沿边缘缉缝 0.1cm 明线，再将覆势面里重叠熨烫平整。

2）如图 5-3-6 所示，前贴袋按照熨烫样板将缝份折边熨烫。

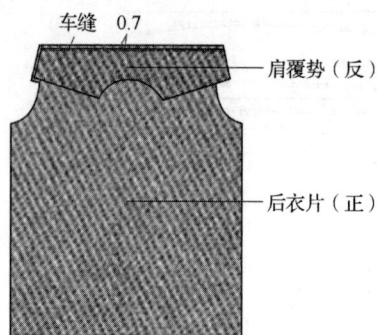

图 5-3-5　省道缝合方法（单位：cm）

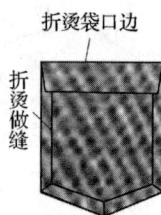

图 5-3-6　口袋熨烫

3）如图 5-3-7 所示，将前贴袋按照左前衣片口袋定位点与左前衣片缝合，左右前衣片门里襟根据门里襟宽度折边缉缝明线。

4）如图 5-3-8 所示，在将覆势肩线与前衣片肩线缝合时，先缝合覆势里与前衣片，再缝合覆势面。

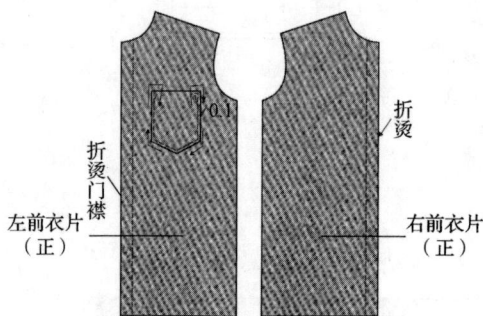

图 5-3-7　缝合口袋（单位：cm）

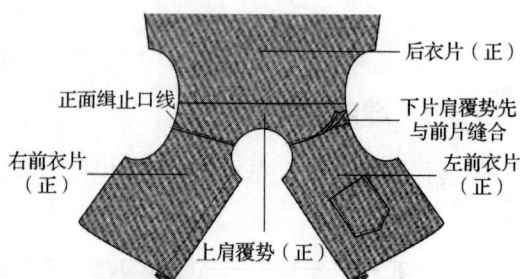

图 5-3-8　缝合肩线

5）如图 5-3-9 所示，使翻领面里正面相对，沿净样线 0.2cm 缝合翻领面里。

6）如图 5-3-10 所示，翻领缝边折烫，修剪缝边多余的量。

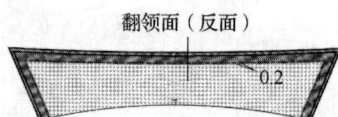

图 5-3-9　缝合翻领（单位：cm）

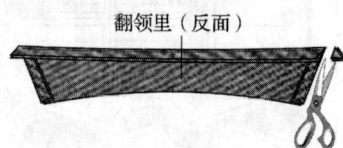

图 5-3-10　熨烫、修剪翻领缝边

7）如图 5-3-11 所示，翻领里往内虚边熨烫，沿翻领边缘缉缝 0.4cm 明线。

8）如图 5-3-12 所示，领座里底边折边熨烫，缉缝 0.8cm 明线。

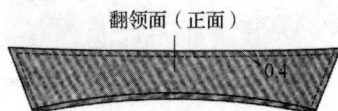

图 5-3-11　男衬衫翻领缉缝明线（单位：cm）

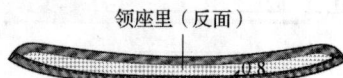

图 5-3-12　领座里底边折烫（单位：cm）

9）如图 5-3-13 所示，翻领夹于领座面里之间，边缘对齐，对位点一一对应，缝合领座与翻领。

10）如图 5-3-14 所示，领座圆角修剪，翻转至正面，沿领座边缘缉缝 0.2cm 明线。

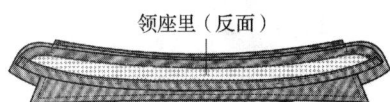

图 5-3-13　缝合领座与翻领

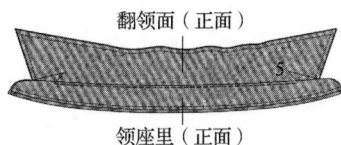

图 5-3-14　领座缉缝明线 1

11）如图 5-3-15 所示，领座里与衣身正面相对，领口对齐，剪口一一对应，缝合领座与领口。

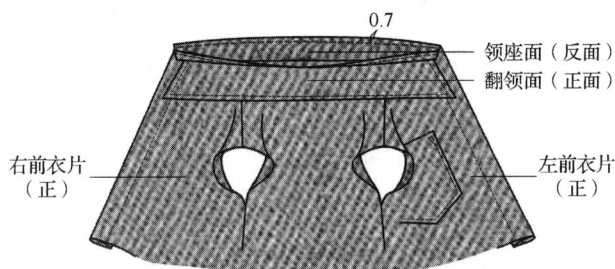

图 5-3-15　装领（单位：cm）

12）如图 5-3-16 所示，与领座上口缉线重叠 3 针，沿领座边缘缉缝 0.2cm 明线。

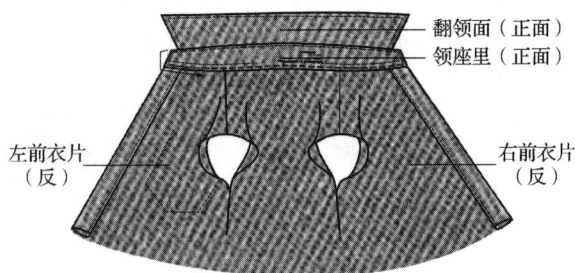

图 5-3-16　领座缉缝明线 2

13）如图 5-3-17 所示，袖克夫上口往反面折转 1cm，缉缝 0.8cm 明线。

14）如图 5-3-18 所示，使袖克夫正面相对，袖克夫边缘对齐，沿边缘缝合 0.7cm。

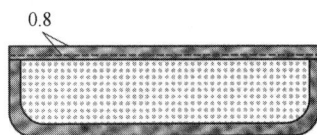

图 5-3-17　袖克夫折边

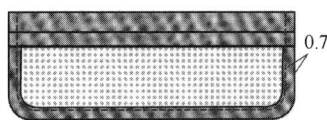

图 5-3-18　缝合袖克夫（单位：cm）

15）如图 5-3-19 所示，将袖克夫圆角缝份修剪，翻转至正面，袖克夫往内虚边熨烫。

16）如图 5-3-20 所示，袖衩门襟、里襟按照熨烫样板折边熨烫。

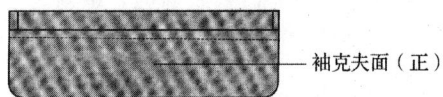

图 5-3-19　袖克夫翻转、熨烫

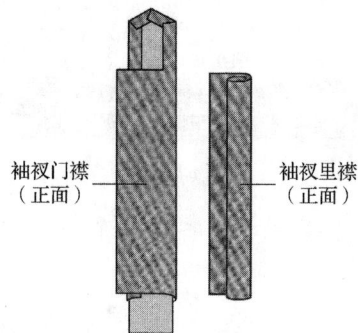

袖衩门襟
（正面）

袖衩里襟
（正面）

图 5-3-20　袖衩门襟、里襟折边熨烫

17）如图 5-3-21 所示，袖衩门襟、里襟根据袖子开衩位置与袖片缝合，沿衩位线剪开，剪三角。

18）如图 5-3-22 所示，里襟往正面折转，沿里襟边缘缉缝 0.1cm 明线。

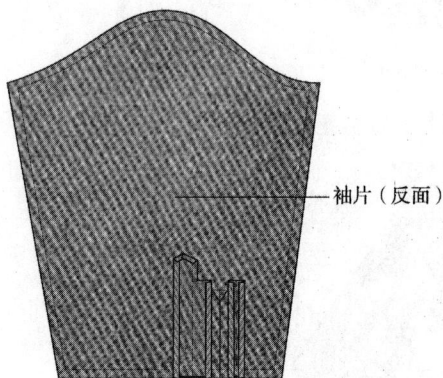

袖片（反面）

图 5-3-21　缝合袖衩门襟、里襟

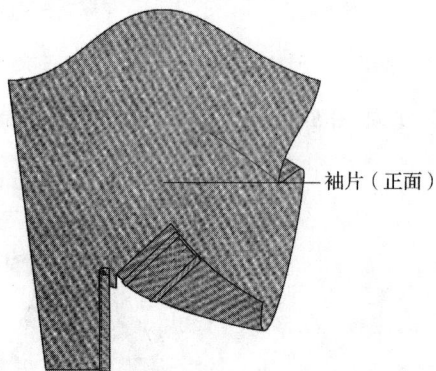

袖片（正面）

图 5-3-22　里襟正面折转缉缝明线

19）如图 5-3-23 所示，将里襟与三角对齐，缝合里襟与三角。

20）如图 5-3-24 所示，将袖衩门襟翻转至袖子正面，袖衩里襟藏于门襟下，沿门襟边缘缉缝明线。

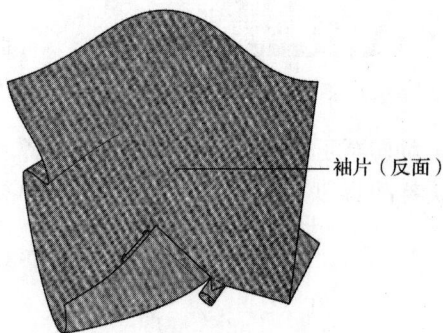

袖片（反面）

图 5-3-23　男衬衫缝三角

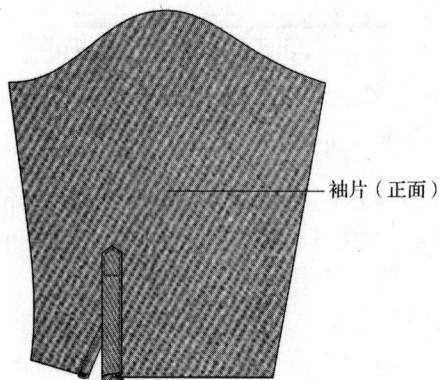

袖片（正面）

图 5-3-24　男衬衫门襟缉缝明线

21）如图 5-3-25 所示，将袖片与衣片正面相对，袖窿弧线与袖山弧线对齐，对位剪口一一对应，缝合袖子与衣身，缝边一起锁边。

22）如图 5-3-26 所示，将前后衣片正面相对，袖子正面相对，前后侧缝线对齐，前后袖底线对齐，缝合侧缝，侧缝毛边锁边处理。缝份往后衣片坐倒，在正面沿缝边缉缝双明线或者单明线。

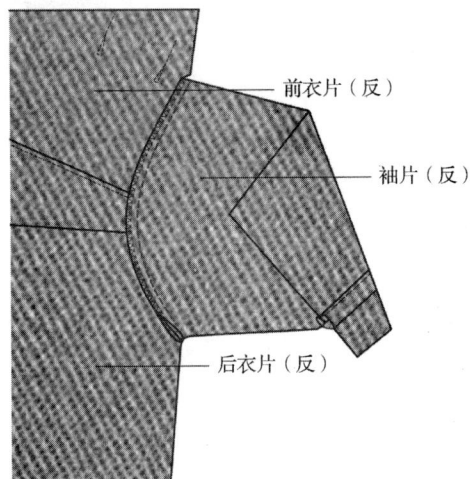

图 5-3-25 缝合袖子

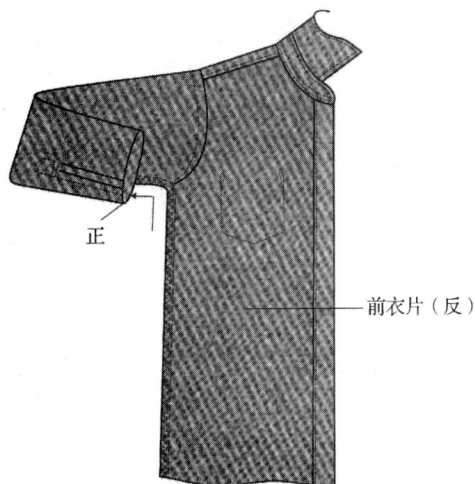

图 5-3-26 缝合侧缝

23）如图 5-3-27 所示，使袖克夫与袖子正面相对，缝合袖克夫，翻转至正面，沿袖克夫缉缝一周（1cm）明线。

24）如图 5-3-28 所示，下摆折边 1.5cm，缉缝明线。锁眼钉扣、整烫，完成男衬衫制作。

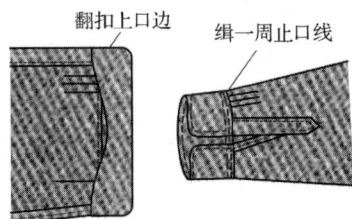

图 5-3-27 装袖克夫

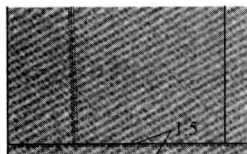

图 5-3-28 底摆卷边（单位：cm）

项目实践

1．为自己或者家人设计一款衬衫，测量相关部位尺寸，并制作出样版、裁剪制作相应的成衣，着装试穿并拍摄正、背、侧照片。

2．3～5 人为一组，利用周末或其他节假日，去附近的服装厂进行深入学习与实践，记录并亲自参与一款衬衫的整个生产过程，并将学习与实践过程中所搜集的相关资料素材整理成 PPT 进行实践汇报。

读书笔记

项目 6

西装与大衣缝制工艺

教学目的

本项目以西装与大衣缝制为工作载体，将整件服装化整为零。通过学习本项目，学生应了解西装与大衣缝制的工序，掌握西装与大衣的缝制工艺，为从事相关领域的工作打下坚实的基础。

教学方式

教师可以采取理论讲解、示范演示和实践训练相结合的教学方式，根据教材内容及学生具体情况灵活确定训练内容，培养学生的动手能力。

西装与大衣部件缝制工艺

6.1.1 手巾袋工艺

1. 款式图

手巾袋款式图如图 6-1-1 所示。

图 6-1-1　手巾袋款式图

2. 缝制步骤

1）进行裁剪，手巾袋裁片图如图 6-1-2 所示。

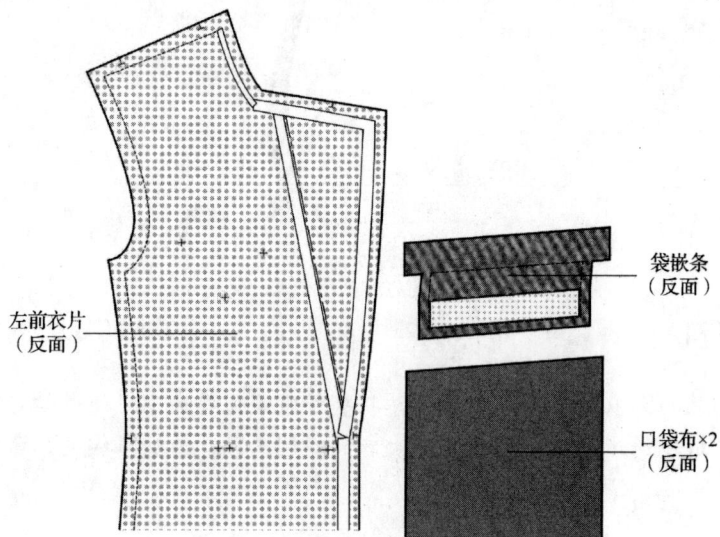

左前衣片
（反面）

袋嵌条
（反面）

口袋布×2
（反面）

图 6-1-2　手巾袋裁片图

2）如图 6-1-3 所示，对手巾袋袋嵌条进行修剪。

3）如图 6-1-4 所示，沿袋口两端打剪口。

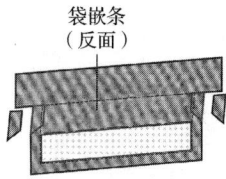

图 6-1-3 修剪袋嵌条

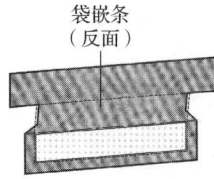

图 6-1-4 打剪口

4）如图 6-1-5 所示，沿粘衬边缘折转扣烫袋口两端。

5）如图 6-1-6 所示，将袋嵌条与口袋布正面相对，边缘对齐，将袋嵌条与口袋布缝合在一起。

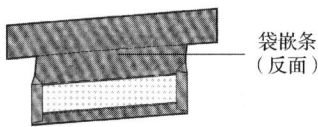

图 6-1-5 折转扣烫缝边

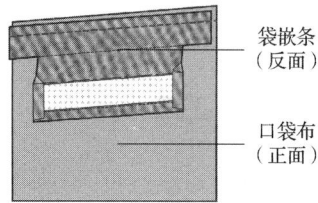

图 6-1-6 缝合口袋布

6）如图 6-1-7 所示，将另一块口袋布放置在袋口上端，将袋嵌条放置在袋口下端，使口袋布与袋嵌条重合 0.8cm，沿袋口上下缝合口袋布与袋嵌条，口袋布缉线长度略短于袋嵌条缉线长度。

7）如图 6-1-8 所示，将口袋布、袋嵌条缝边往上下两边折转熨烫。

8）如图 6-1-9 所示，沿袋口中间往两边剪开袋口，在距离袋口边缘 1.5cm 左右处剪三角，保留 1～2 根纱线不要剪断。

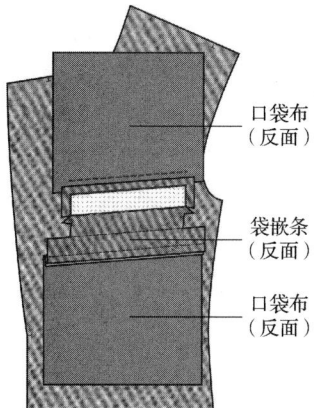

图 6-1-7 缝合袋嵌条、口袋布

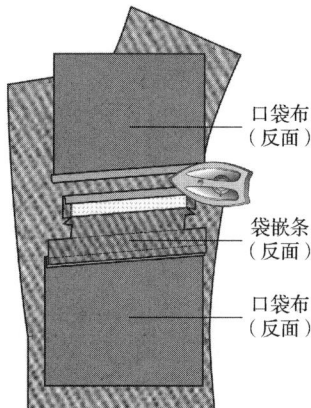

图 6-1-8 熨烫缝边

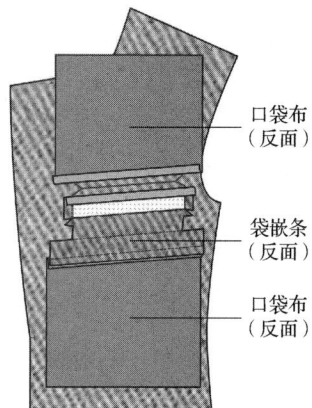

图 6-1-9 剪三角

9）如图 6-1-10 所示，将口袋布与袋嵌条翻转至正面，口袋布缝份分缝熨烫，在分缝两边缉缝 0.1cm 明线，袋口两侧三角平放于袋口内，袋嵌条折转平整。

10）如图 6-1-11 所示，将手巾袋袋嵌条盖于袋口上，在袋嵌条两端用手针缲缝固定袋口，也可直接用缝纫机车缝固定。

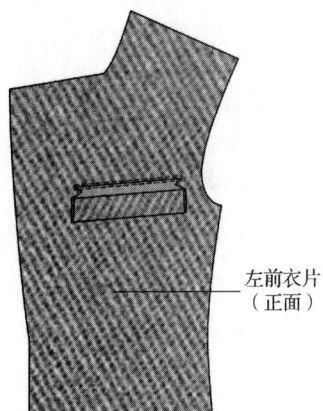

图 6-1-10　翻转袋口

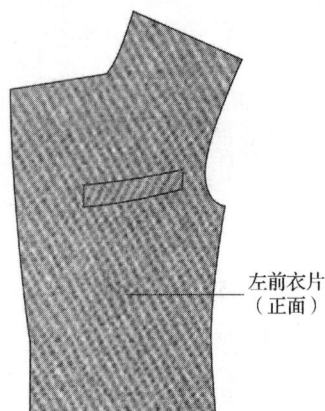

图 6-1-11　固定袋口

6.1.2　袖衩工艺

1. 款式图

袖衩款式图如图 6-1-12 所示。

西服袖衩工艺

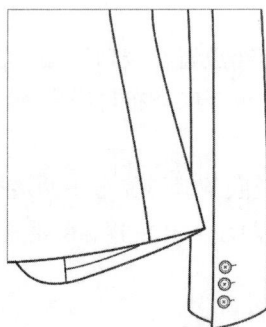

图 6-1-12　袖衩款式图

2. 缝制步骤

1）进行裁剪，袖衩裁片图如图 6-1-13 所示。

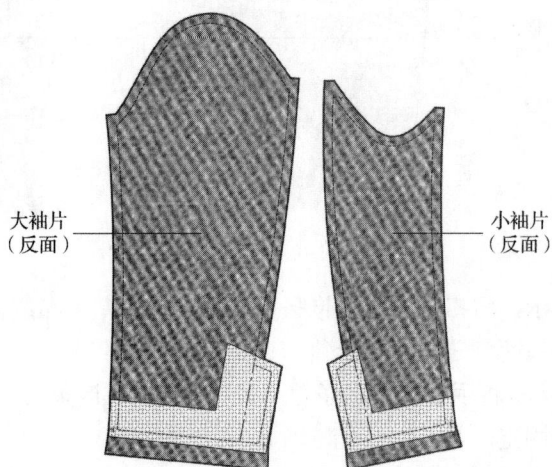

图 6-1-13　袖衩裁片图

2）如图 6-1-14 所示，在袖衩门襟钉扣处锁装饰锁眼。

3）如图 6-1-15 所示，使大小袖正面相对，内袖缝对齐，沿净样线缝合大小袖片。

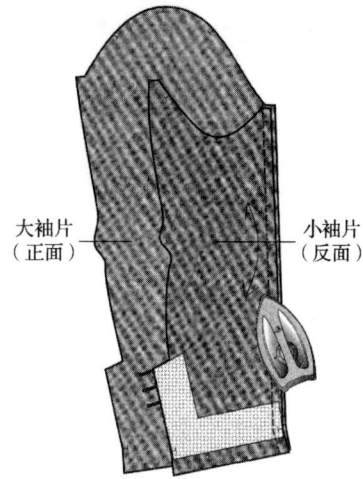

4）如图 6-1-16 所示，将大小袖内袖缝线在袖肘处拔开熨烫，使内袖缝线呈直线状。

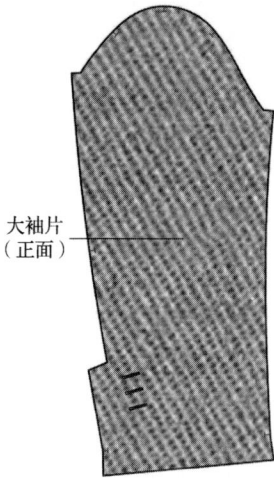

图 6-1-14 袖衩锁眼　　　　　图 6-1-15 缝合内袖缝　　　　　图 6-1-16 拔烫内袖缝

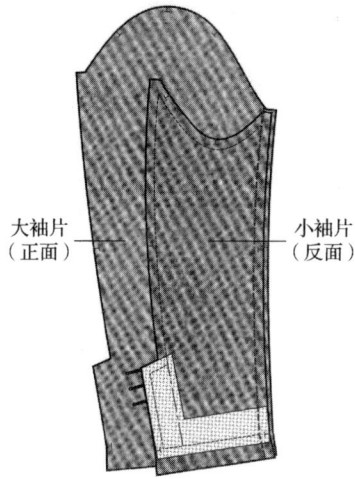

5）如图 6-1-17 所示，将内袖缝线分缝熨烫平整，袖口沿净样线折边熨烫。

6）如图 6-1-18 所示，袖子正面相对，外袖缝线对齐，沿净样线缝合外袖缝线，缝至袖口开衩净样线处。

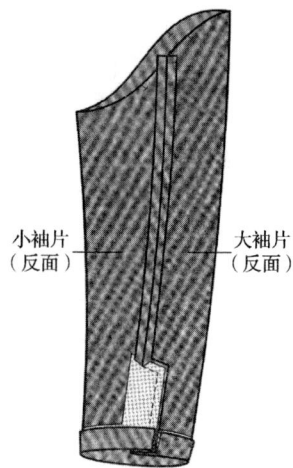

7）如图 6-1-19 所示，将外袖缝线分缝熨烫，在衩位转角处打剪口，在袖口衩位用手针缲缝固定。

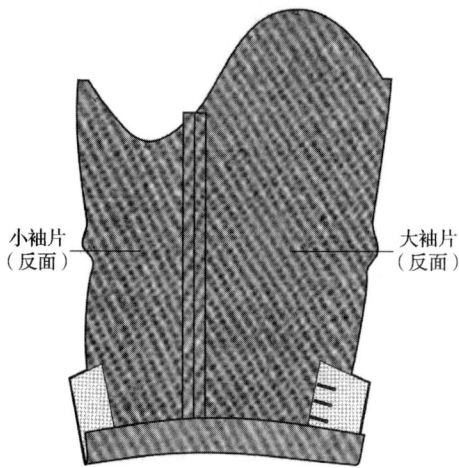

图 6-1-17 熨烫袖口　　　　　图 6-1-18 缝合外袖缝线　　　　　图 6-1-19 熨烫外袖缝线

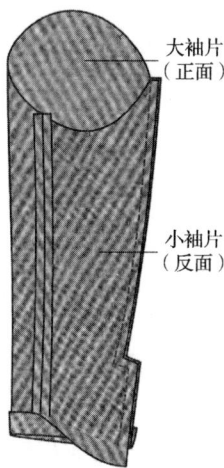

6.1.3 西装领工艺

1. 款式图

西装领款式图如图 6-1-20 所示。

图 6-1-20　西装领款式图

2. 缝制步骤

1）进行裁剪，西装领裁片图如图 6-1-21 所示。

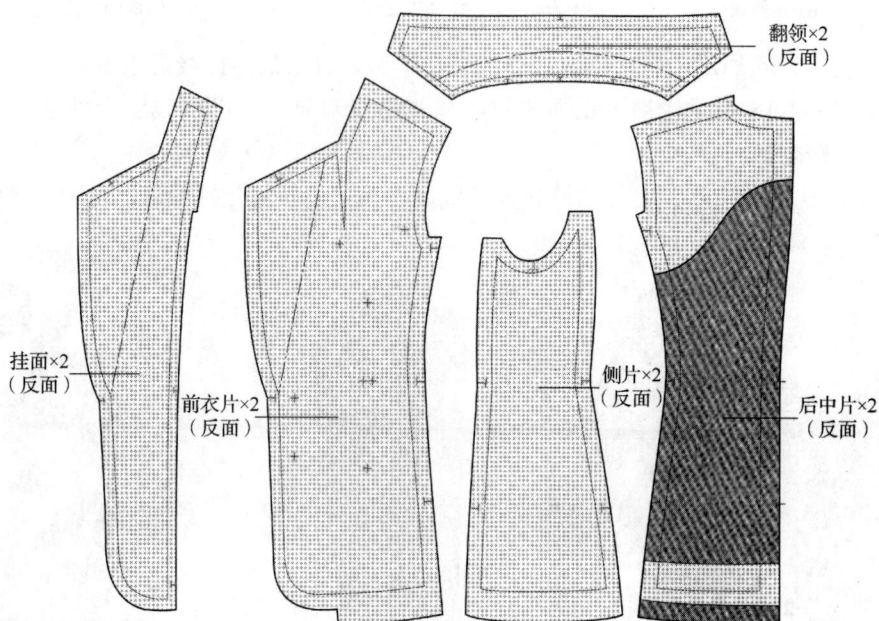

图 6-1-21　西装领裁片图

2）如图 6-1-22 所示，翻领面、里正面相对，沿净样线缝合翻领面里，缝合时在翻领领角处略往前推送翻领面，略往后拉紧翻领里。

3）如图 6-1-23 所示，将翻领里缝份修剪成 0.5cm。

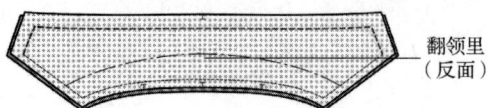

图 6-1-22　缝合翻领

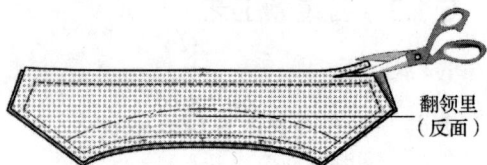

图 6-1-23　修剪翻领里缝份

4）如图 6-1-24 所示，将翻领缝份往翻领里折转熨烫，折边折过缝线 0.2cm。

5）如图 6-1-25 所示，将翻领翻转至正面，将翻领里边缘往内虚边 0.2cm，熨烫平整。

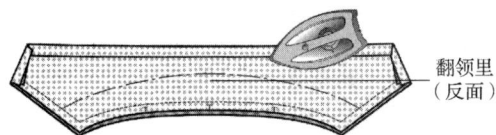

图 6-1-24　折烫翻领

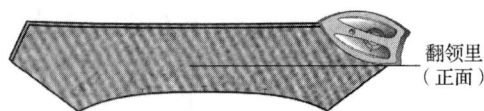

图 6-1-25　熨烫翻领

驳领工艺

6）如图 6-1-26 所示，将翻领里与衣身正面相对，沿驳头装领对位点开始与领口剪口一一对应缝合翻领里与衣身，再对翻领面与挂面采用相同的方法进行缝合，驳头装领点打剪口，领圈串口线转角处打剪口。

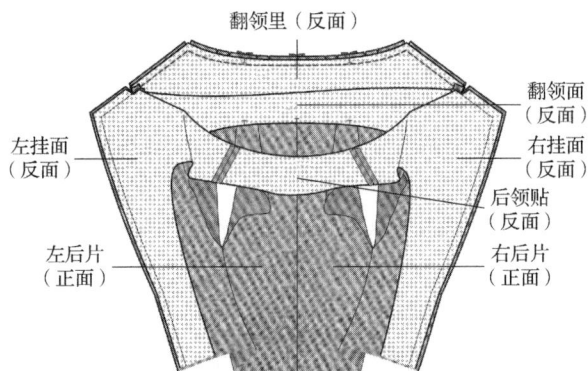

图 6-1-26　装领

7）如图 6-1-27 所示，将领口拼缝分缝熨烫，领圈弧线处放置剪口，将翻领面、里缝份夹于翻领中，衣身与挂面、领贴缝份对齐，沿装领线边缘缝合。

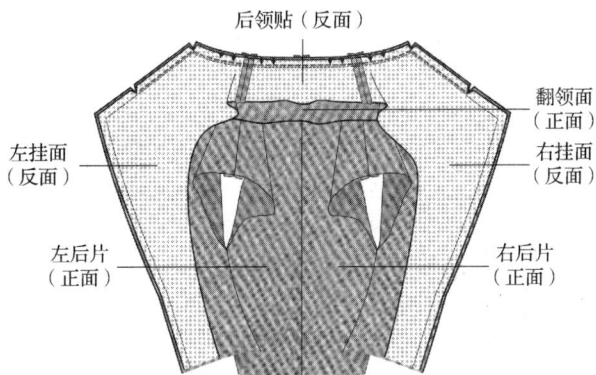

图 6-1-27　固定衣身领口弧线

任务 6.2　女西装缝制工艺

6.2.1　款式图

女西装款式图如图 6-2-1 所示。

图 6-2-1　女西装款式图

6.2.2　结构纸样

1. 尺寸表

160/80A 号型女西装各部位尺寸表如表 6-2-1 所示。

表 6-2-1　160/80A 号型女西装各部位尺寸表　　　　　　　单位：cm

部位	后中长	胸围（B）	腰围（W）	肩宽	袖长（SL）	袖口（CW）
尺寸	65	94	80	39	58	24

2. 结构图

女西装结构图如图 6-2-2 所示。

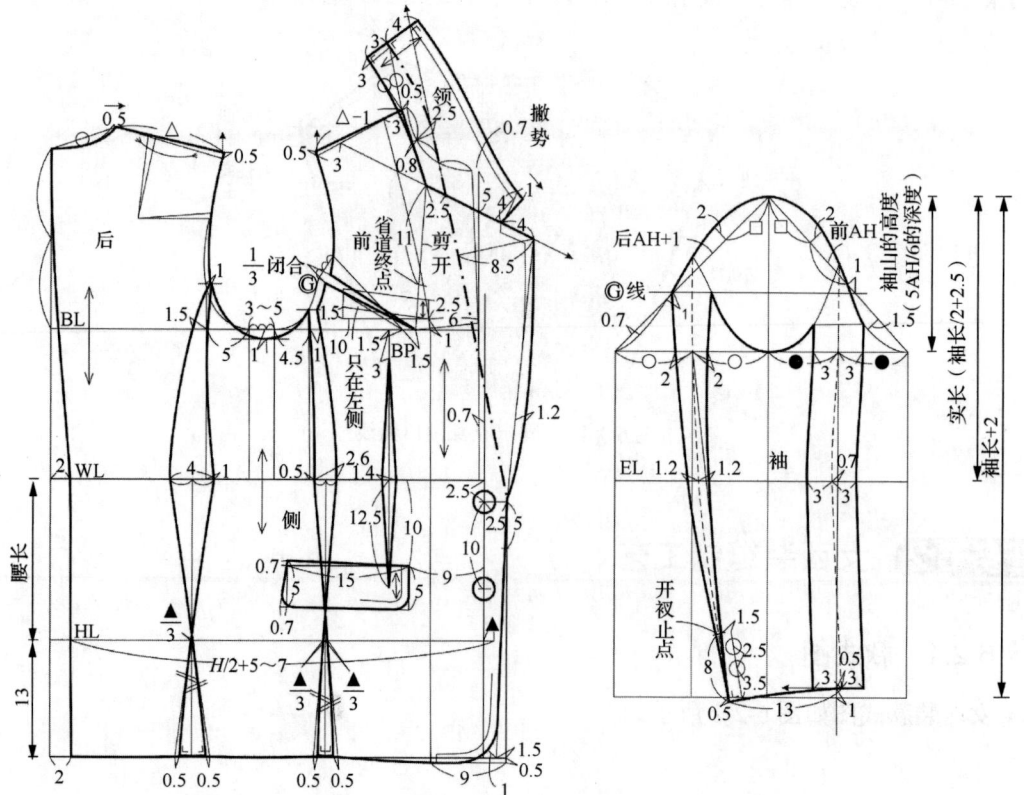

图 6-2-2　女西装结构图（单位：cm）

3．纸样图

女西装纸样图如图 6-2-3 所示。

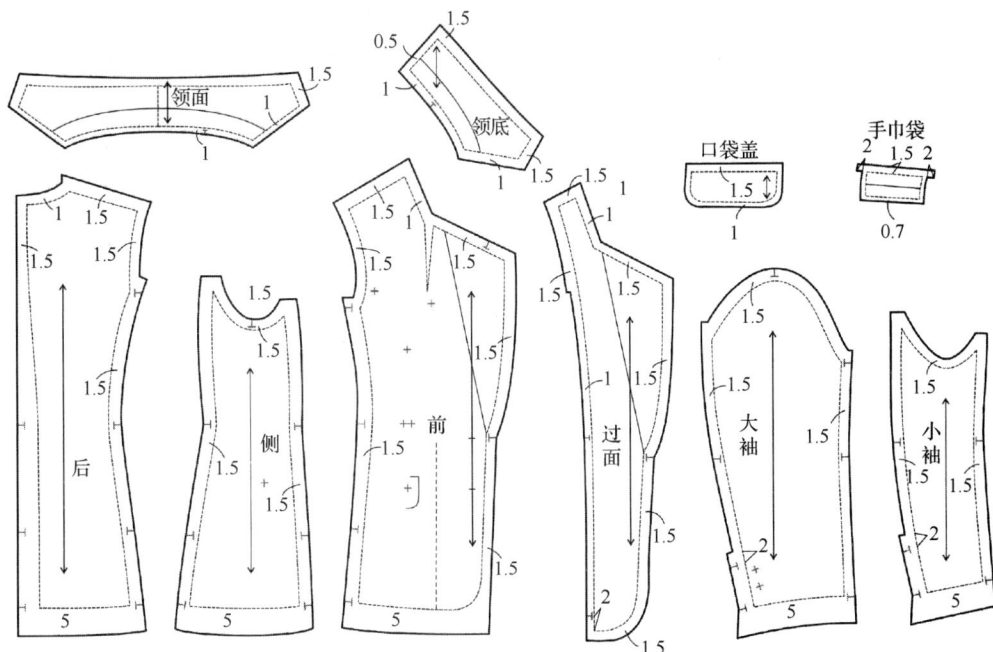

图 6-2-3   女西装纸样图（单位：cm）

6.2.3   缝制步骤

先进行布料裁剪，面料、里料裁剪图如图 6-2-4 和图 6-2-5 所示。

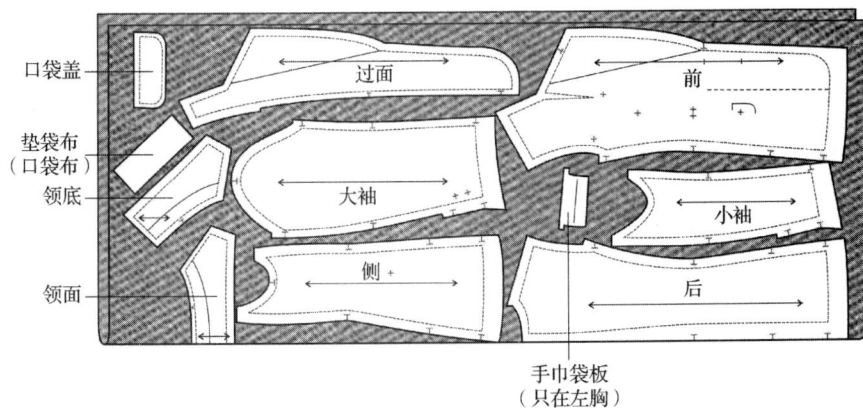

图 6-2-4   面料裁剪图

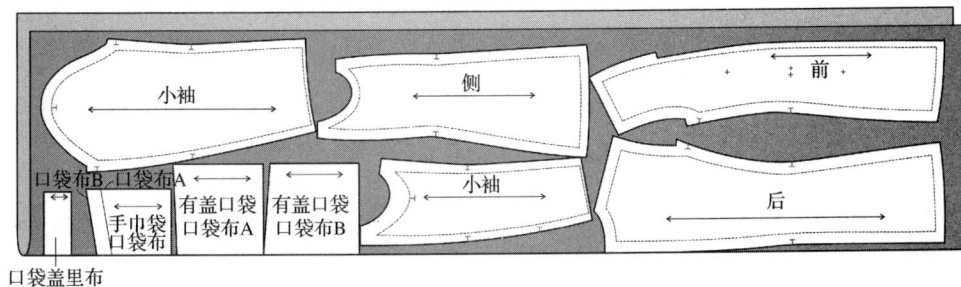

图 6-2-5   里料裁剪图

具体的缝制步骤如下。

1）如图 6-2-6 所示，根据工艺要求对相应裁片进行熨烫粘合衬。

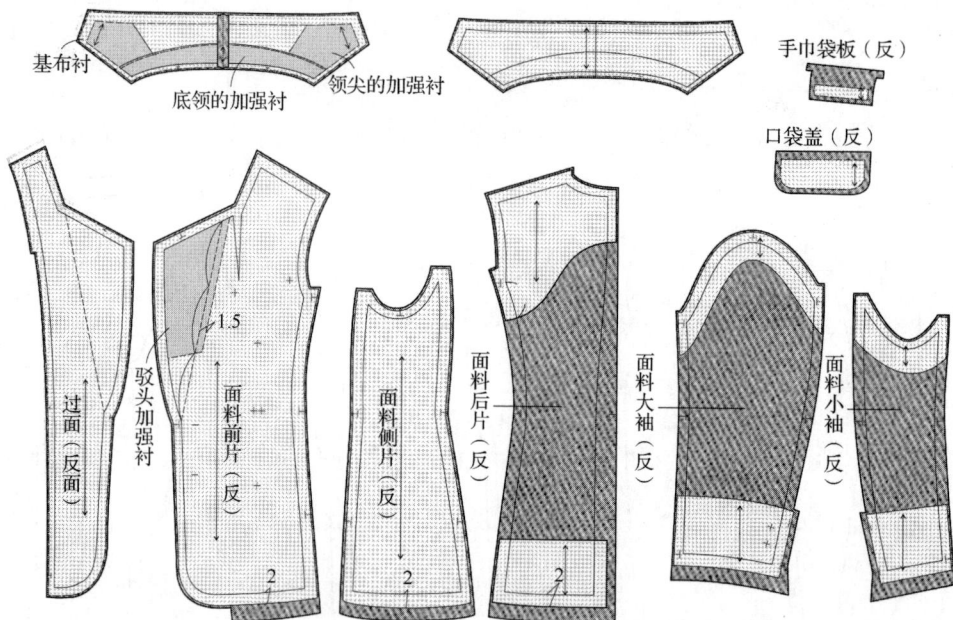

图 6-2-6　裁片粘衬（单位：cm）

2）如图 6-2-7 所示，在前片驳头、前下摆、领口、袖窿等部位熨烫直纱嵌条，驳头用手针缝直牵条，领省、腰省用手针粗线缝线钉。

3）如图 6-2-8 所示，在翻领里反面拉 0.3cm 宽牵条，沿翻折线手针绗缝。

4）如图 6-2-9 所示，在距离贴袋袋口净样线往外 1cm 处车缝明线，防止袋口拉伸。

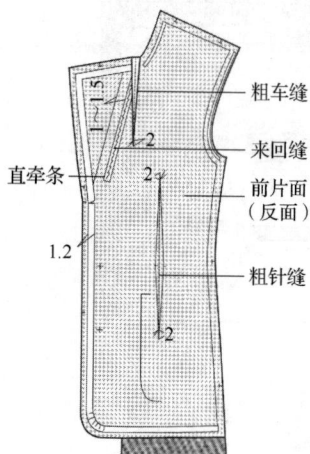

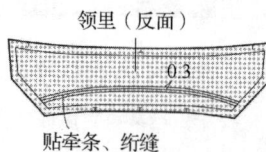

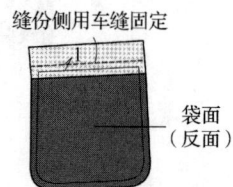

图 6-2-7　前片烫牵条（单位：cm）　　图 6-2-8　翻领里拉牵条（单位：cm）　　图 6-2-9　袋口车缝明线

5）如图 6-2-10 所示，将前片领省正面相对，对位点对齐，用珠针固定省道，省中线对折熨烫。

6）如图 6-2-11 所示，在领省省尖处垫入里料，沿省道标记线缝合省道。

7）如图 6-2-12 所示，将省道缝份上半部分沿中线剪卡，分缝熨烫，下半部分与省尖垫布分缝熨烫。

8）如图 6-2-13 所示，前片腰省沿省道对位点对折，用珠针固定省道位置。

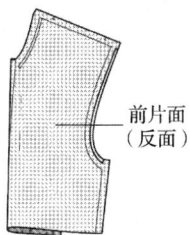

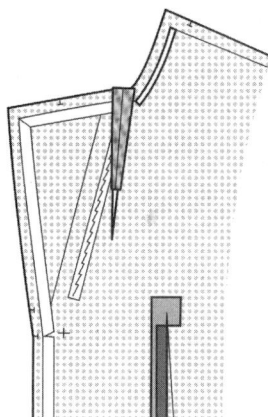

图 6-2-10　熨烫领省　　　图 6-2-11　缝合省道　　　图 6-2-12　分缝熨烫领省　　图 6-2-13　固定腰省
　　　　　　　　　　　　　　　（单位：cm）

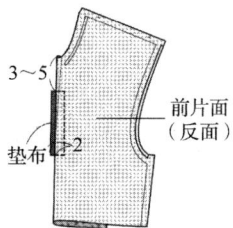

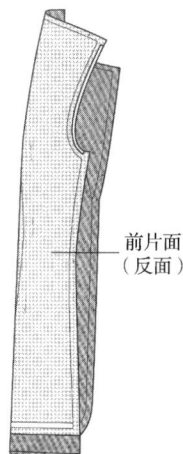

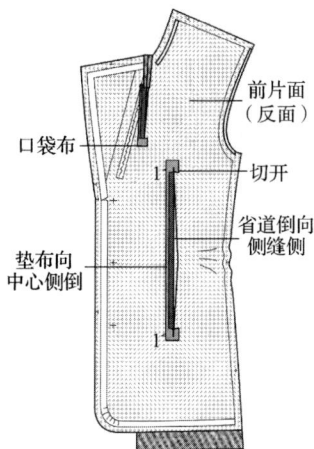

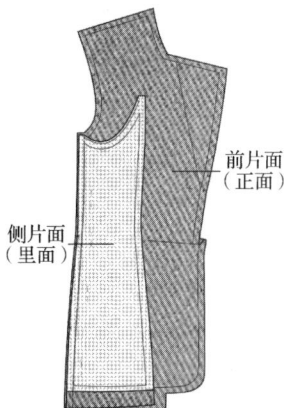

9）如图 6-2-14 所示，将腰省垫入里料与面料，缝合省道。

10）如图 6-2-15 所示，将腰省垫布在省尖处剪开，省道中部分缝熨烫，垫布往前中心坐倒，省道往侧缝坐倒。

11）如图 6-2-16 所示，将侧片与前片正面相对，沿裁片净样线缝合前片与侧片。

12）如图 6-2-17 所示，将侧缝线在腰部拔开熨烫，使侧缝线呈直线状，再将侧缝分缝熨烫。

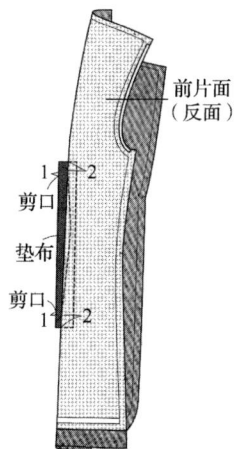

图 6-2-14　缝合腰省　　　图 6-2-15　熨烫腰省　　　图 6-2-16　缝合侧缝　　　图 6-2-17　分缝熨烫侧缝
　（单位：cm）　　　　　（单位：cm）

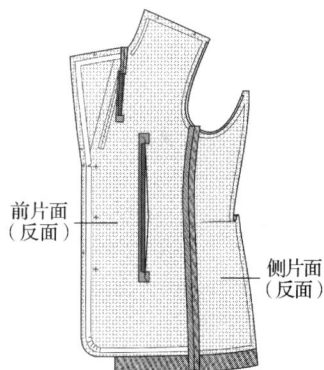

13）如图 6-2-18 所示，将贴袋面料与里料在袋口处缝合，袋口分为三段，将边上两点按正常针距缝合，中间一段按最大针距缝合。将口袋布面里正面相对，沿口袋边缘 0.8cm 缝合。

14）如图 6-2-19 所示，将袋口大针距缝线拆除，贴袋缝份往里扣烫，从袋口开口处将贴袋翻转至正面，口袋里料虚边 0.2cm 熨烫，袋口开口用手针缲缝。

图 6-2-18　贴袋缝合（单位：cm）　　　　　图 6-2-19　贴袋熨烫（单位：cm）

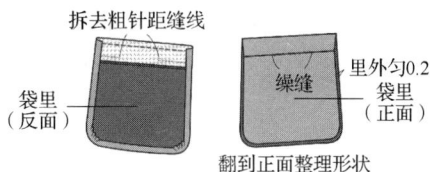

15）如图 6-2-20 所示，将贴袋按照对位点放置在前片上，沿贴袋边缘用手针绗缝固定口袋，袋口需放出一定松量。

16）如图 6-2-21 所示，沿口袋边缘缉缝 0.4cm 明线，袋口两端需来回针加固。

17）如图 6-2-22 所示，将后中缝与后侧缝分别缝合，后中缝、后侧缝在腰部均需将缝份拔开熨烫呈直线状，然后再将缝份分缝熨烫。

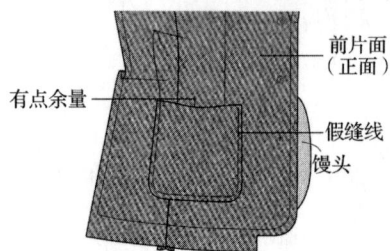

图 6-2-20　固定贴袋

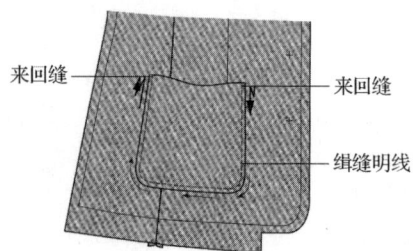

图 6-2-21　缉缝贴袋

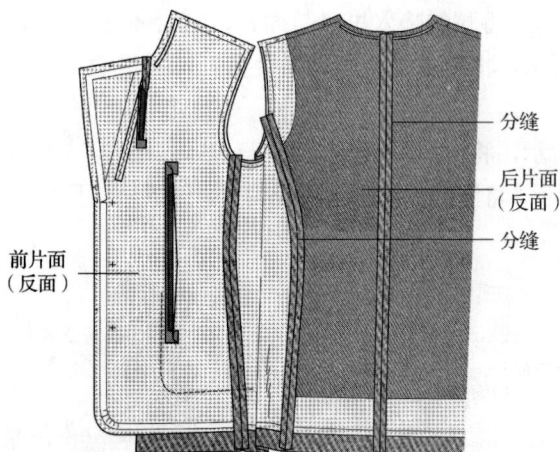

图 6-2-22　缝合后中缝、后侧缝

18）如图 6-2-23 所示，使前后衣片正面相对，肩线对齐，缝合肩缝。

19）如图 6-2-24 所示，肩缝分缝熨烫，前领口弧线在串口线转角处打剪口。

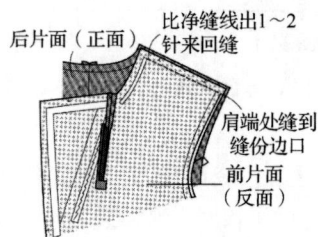

图 6-2-23　缝合肩缝

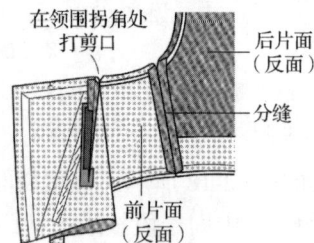

图 6-2-24　熨烫肩缝

20）如图 6-2-25 所示，将领里正面与衣片正面相对，自驳头装领点起使领底弧线与领口弧线剪口一一对应，缝合领里。

21）如图 6-2-26 所示，将领圈弧线在圆弧处打剪口，领里与衣身缝份全部分缝熨烫。

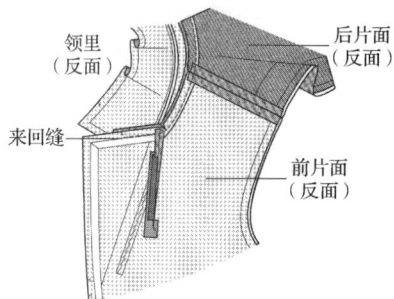

图 6-2-25 缝合领里

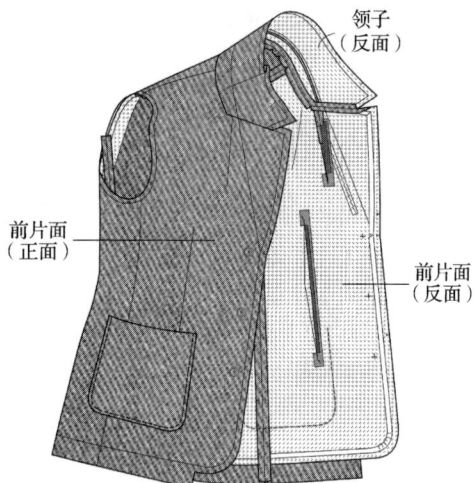

图 6-2-26 分缝熨烫领口弧线

22）如图 6-2-27 所示，分别将挂面、里料前片、侧片、后片缝合在一起。

23）如图 6-2-28 所示，将里料肩缝缝合，缝份往后片坐倒。

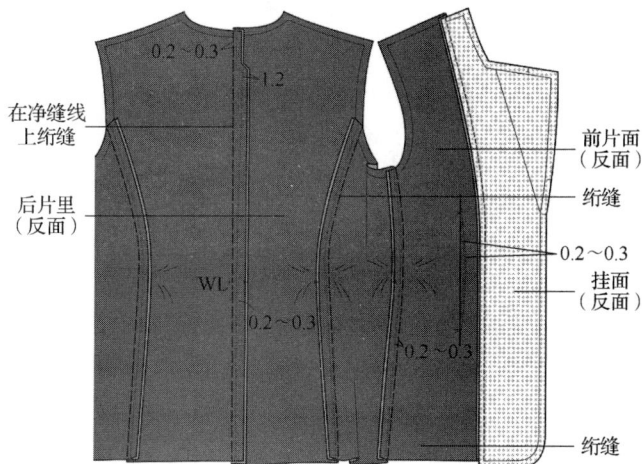

图 6-2-27 缝合里料（单位：cm）

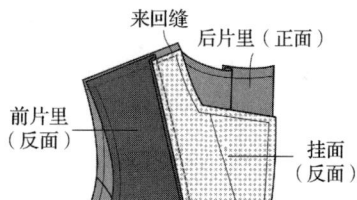

图 6-2-28 缝合里料肩缝

24）如图 6-2-29 所示，将领面与里料领口缝合，前领口串口线缝份分开熨烫，后领口弧线打剪口往里料倒烫。

25）如图 6-2-30 所示，将领面、领里在领角串口线处用手针对位固定。

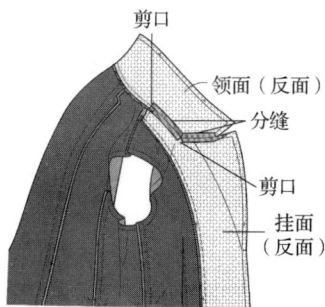

图 6-2-29 缝合领面

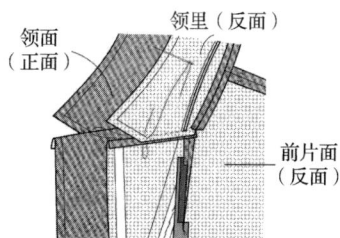

图 6-2-30 固定领面、领里

26）如图 6-2-31 所示，沿净样线用手针绗缝固定领里、领面。

27）如图 6-2-32 所示，在用手针绗缝固定翻领与驳头时，在驳头面驳角处、翻领面、翻领角处放入适当松量。

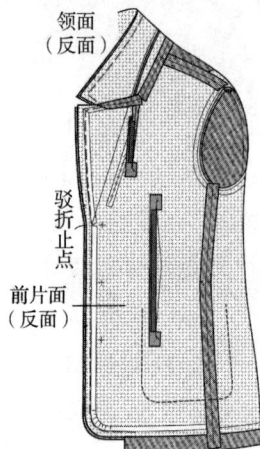

图 6-2-31　用手针绗缝固定领面与领里

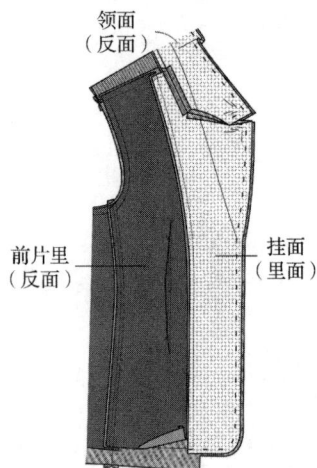

图 6-2-32　调整领角松量

28）如图 6-2-33 所示，将驳头往衣身翻折，再次调整驳头翻折量。

29）如图 6-2-34 所示，自领缺嘴起针沿翻领外口缝合领面、领里。

30）如图 6-2-35 所示，自领缺嘴沿驳头边缘缝合前片与挂面。

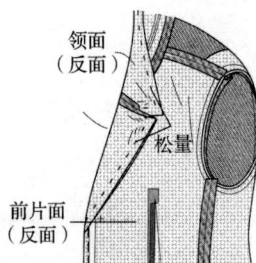

图 6-2-33　调整驳头翻折量

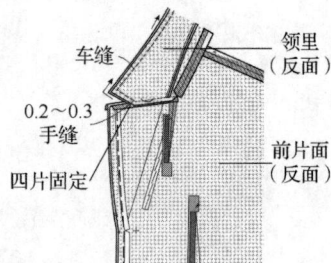

图 6-2-34　缝合领面与领里（单位：cm）

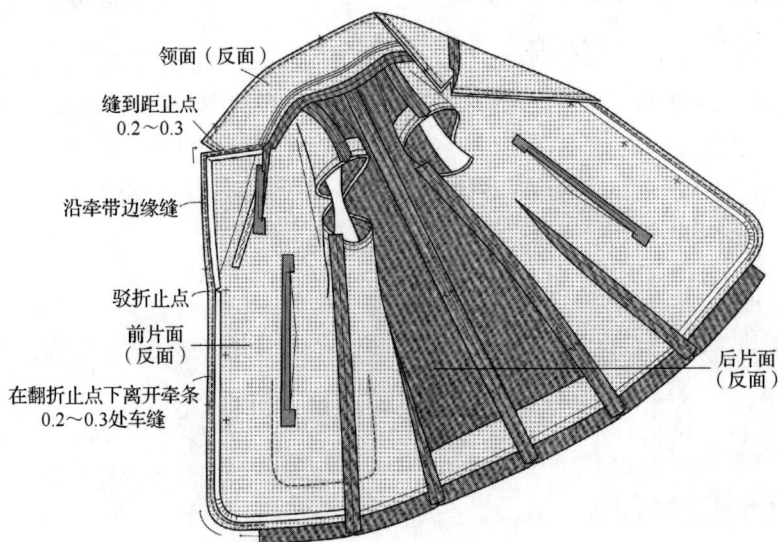

图 6-2-35　缝合衣片挂面（单位：cm）

31）如图 6-2-36 所示，修剪前中缝份，先统一将前中缝修剪为 0.7cm，再以驳折止点为基准，驳头部分修剪衣片缝份为 0.3cm，下摆部分修剪挂面缝份为 0.3cm。

32）如图 6-2-37 所示，将下摆圆角缝份缩烫倒向前衣片，驳头缝份折转熨烫倒向挂面。

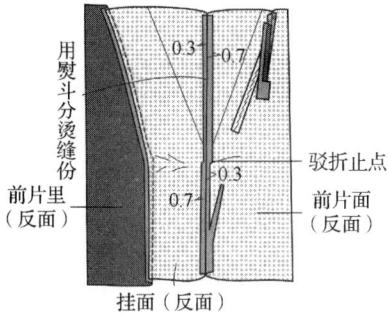

图 6-2-36　修剪前中缝份（单位：cm）

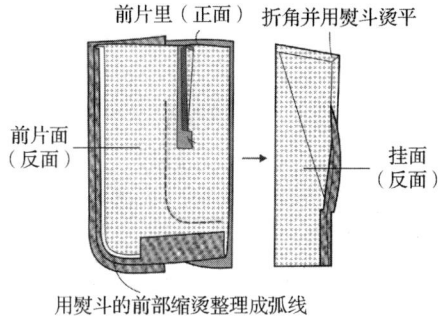

图 6-2-37　熨烫缝份

33）如图 6-2-38 所示，熨烫完成后翻领领里往内虚边 0.2cm，衣片驳头往内虚边 0.2cm。

34）如图 6-2-39 所示，将衣身翻转至正面，沿领外围用手针绗缝一周，固定领子、驳头、下摆虚边量。

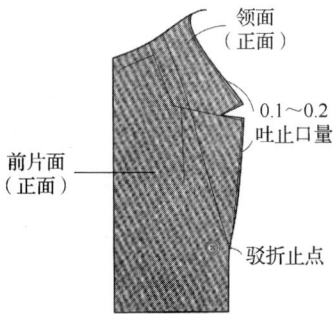

图 6-2-38　虚边（单位：cm）

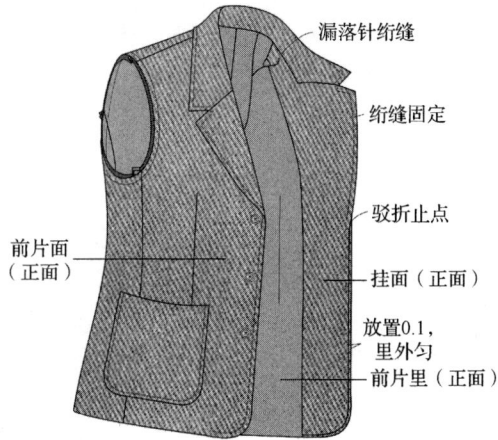

图 6-2-39　绗缝固定领外围（单位：cm）

35）如图 6-2-40 所示，将衣身翻转至反面，领口装领线缝份用手针绗缝固定。

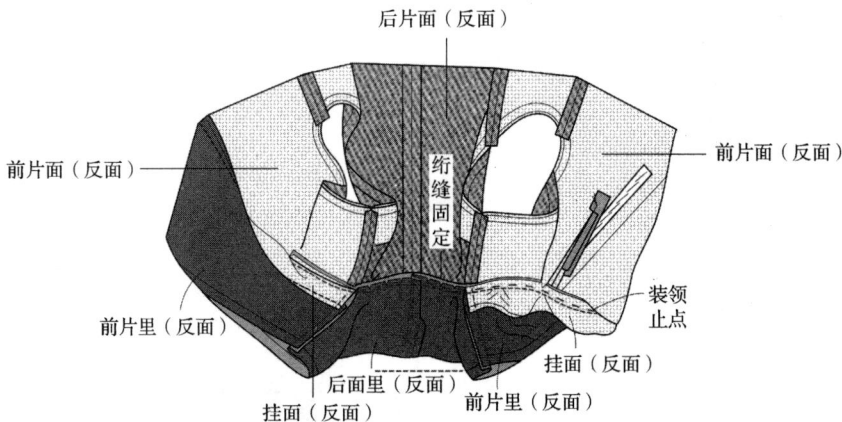

图 6-2-40　绗缝固定装领线

36）如图 6-2-41 所示，衣身下摆折边熨烫，手针回针固定下摆，沿领口、驳头、下摆边缘缉缝 0.5cm 明线。

37）如图 6-2-42 所示，使大小袖正面相对，内袖缝对齐缝合。

38）如图 6-2-43 所示，内袖缝袖肘处拔开熨烫呈直线，缝份分缝熨烫，袖口沿净样线折边熨烫，折烫袖衩。

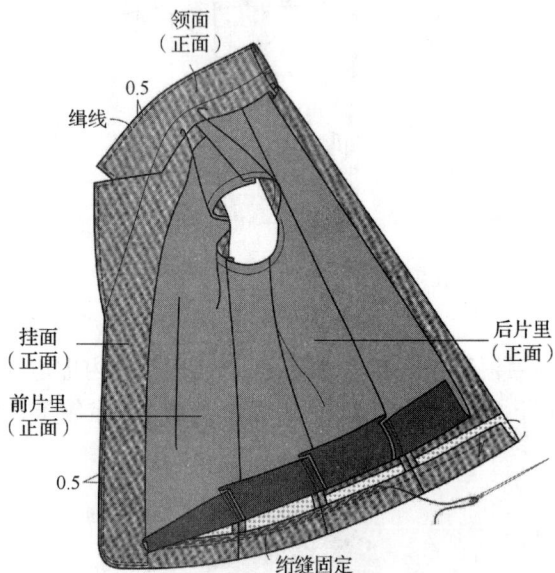

图 6-2-41　缉缝明线（单位：cm）

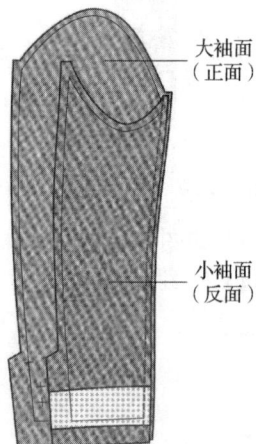

图 6-2-42　缝合内袖缝

图 6-2-43　熨烫内袖缝

39）如图 6-2-44 所示，正面相对，外袖缝对齐缝合，衩位转折点打剪口。

40）如图 6-2-45 所示，外袖缝分缝熨烫，袖口折边熨烫，袖山手针拱针缝双线。

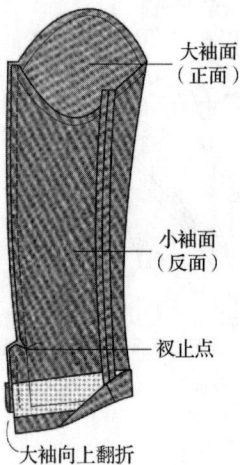

图 6-2-44　缝合外袖缝

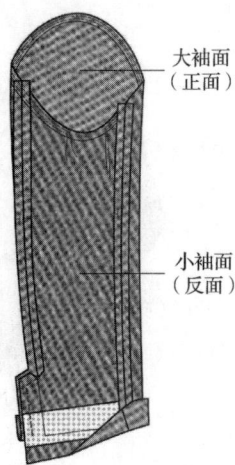

图 6-2-45　分缝熨烫外袖缝

41）如图6-2-46所示，袖口用手针来回针固定。

42）如图6-2-47所示，袖口用手针缲缝固定衩位。

43）如图6-2-48所示，合衩位，钉袖衩纽扣。

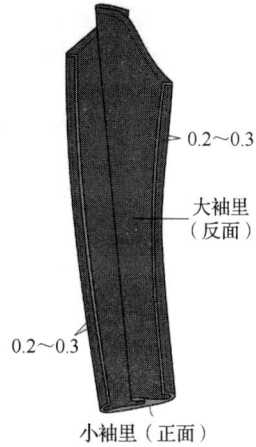

44）如图6-2-49所示，袖里缝合，袖里缝份往大袖坐倒熨烫，预留一定的活动褶量。

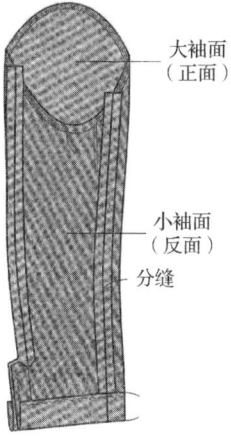

图 6-2-46 固定袖口　　图 6-2-47 固定衩位　　图 6-2-48 袖衩钉扣　　图 6-2-49 缝合袖里
（单位：cm）

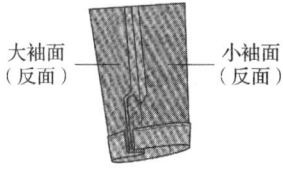

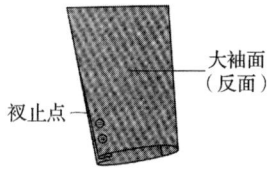

45）如图6-2-50所示，袖里套于袖面中，用手针固定袖里、袖面。

46）如图6-2-51所示，袖山头抽褶，熨烫均匀褶量。

47）如图6-2-52所示，袖山与袖窿对位点一一对应，用珠针固定袖山与袖窿缝边。

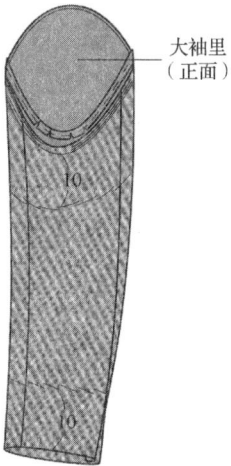

图 6-2-50 固定袖里、袖面
（单位：cm）

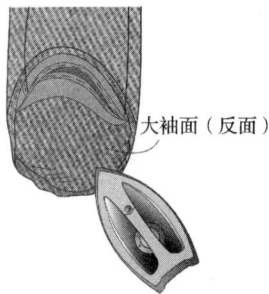

图 6-2-51 熨烫袖山

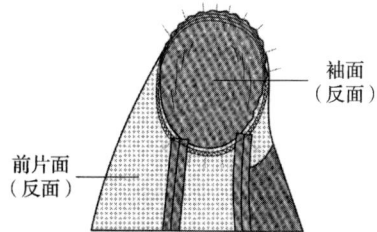

图 6-2-52 假缝袖窿

48）如图6-2-53所示，袖窿与袖山弧线吻合，沿袖窿弧线缝合一圈。

49）如图6-2-54所示，将袖山斜布条缝入袖山头，缝合时适当拉紧袖山斜布条。

50）如图6-2-55所示，将垫肩做好对位标记，垫肩与肩线位置对准，用手针回缝针固定。

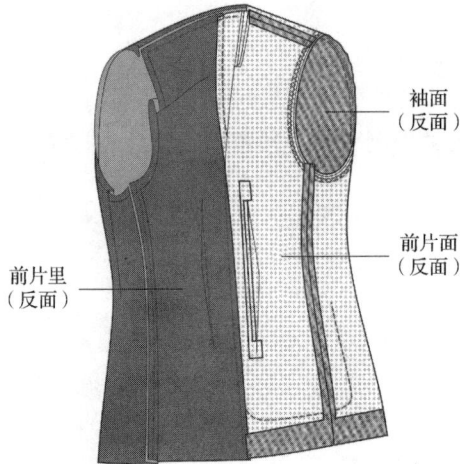

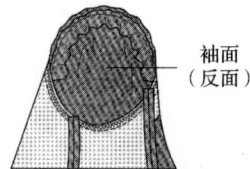

图 6-2-53 缝合袖窿　　　图 6-2-54 缝合袖山斜布条　　图 6-2-55 固定垫肩

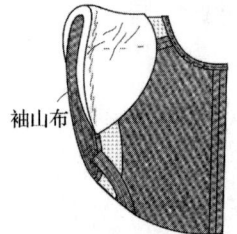

袖面（反面）

前片面（反面）

前片里（反面）

袖面（反面）

袖山布

51）如图 6-2-56 所示，将面里料与垫肩调整合适，沿袖窿一圈用珠针固定缝份。

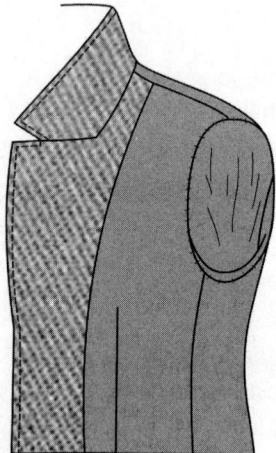

52）如图 6-2-57 所示，将袖子里料与袖窿弧线用手针缲缝一圈，缝合袖里与衣身。

前片里（正面）　　后片里（正面）

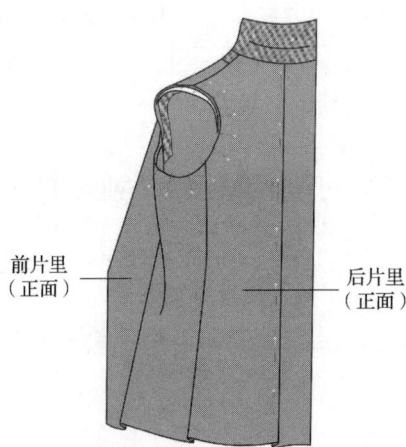

图 6-2-56 固定袖窿　　　　　图 6-2-57 缲缝袖里

53）如图 6-2-58 所示，用手针暗缲缝将面里料下摆缝合在一起。

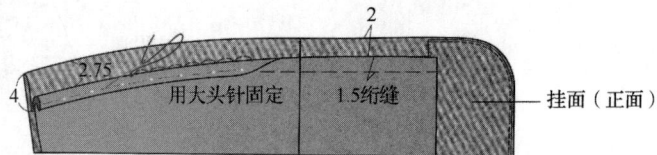

2.75　2　用大头针固定　1.5绗缝　挂面（正面）　4

图 6-2-58 缲缝下摆（单位：cm）

54）如图 6-2-59 所示，将驳头翻折，沿翻折线往里 2cm 用手针绗缝固定驳头与衣身。

55）如图 6-2-60 所示，将衣服翻折至正面，拆除多余线迹，锁眼、钉扣、整烫，完成女西装制作。

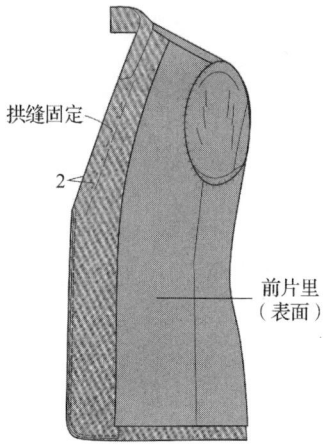

拱缝固定

2

前片里
（表面）

图 6-2-59　固定驳头（单位：cm）

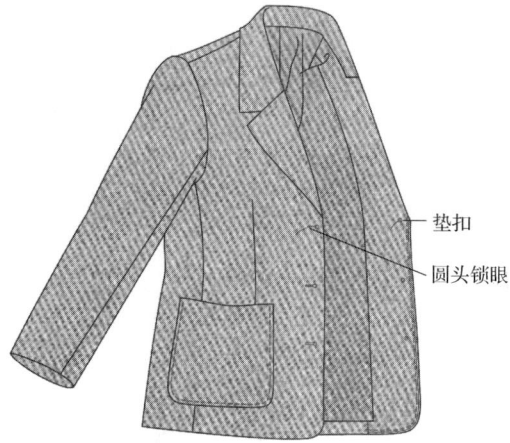

垫扣

圆头锁眼

图 6-2-60　锁眼、钉扣

任务6.3　西装马甲缝制工艺

6.3.1　款式图

西装马甲款式图如图 6-3-1 所示。

图 6-3-1　西装马甲款式图

6.3.2　结构纸样

1. 尺寸表

170/88A 号型西装马甲各部位尺寸表如表 6-3-1 所示。

表 6-3-1　170/88A 号型西装马甲各部位尺寸表　　　　　　　　　单位：cm

部位	衣长（L）	胸围（B）	腰围（W）	领围
尺寸	56	96	84	41

2. 结构图

西装马甲结构图如图 6-3-2 所示。

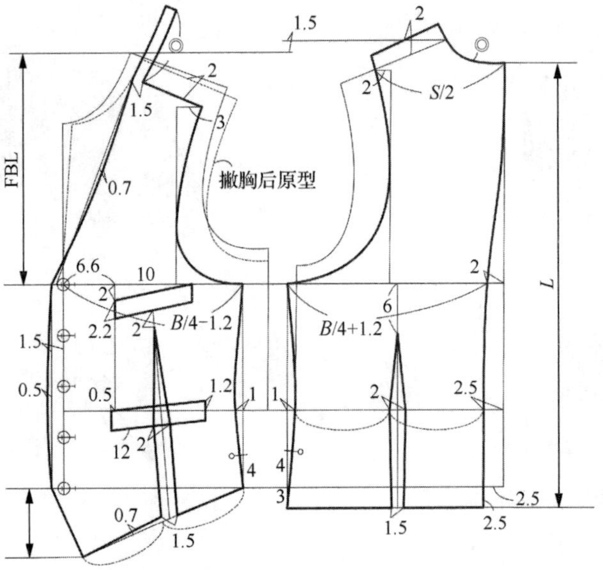

图 6-3-2　西装马甲结构图（单位：cm）

6.3.3　缝制步骤

具体的缝制步骤如下。

1）如图 6-3-3 所示，前片粘衬，打线钉。

2）如图 6-3-4 所示，缝合前片腰省，省尖加入垫片。

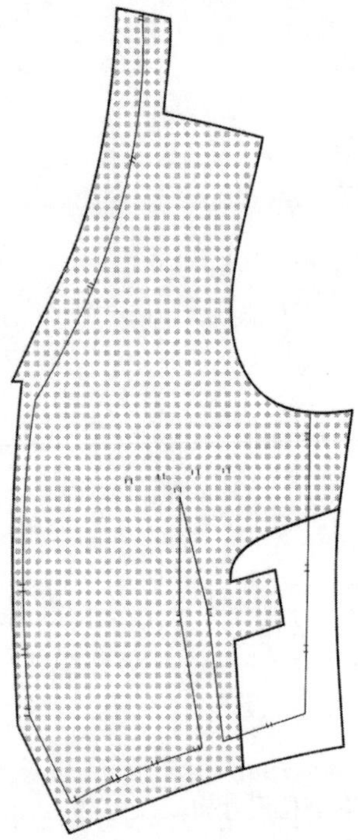

图 6-3-3　裁片粘衬

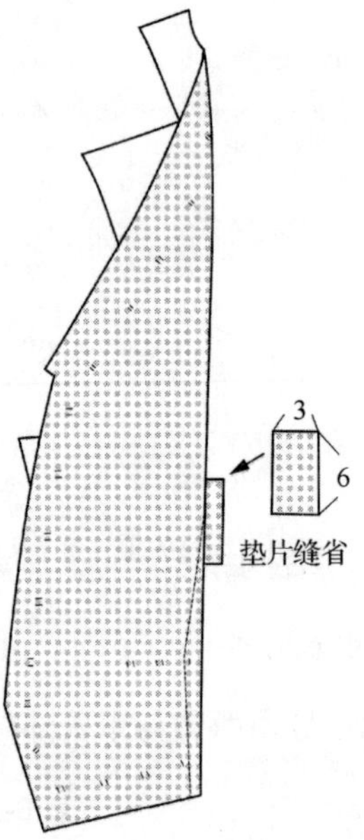

垫片缝省

图 6-3-4　缝合腰省（单位：cm）

3）如图 6-3-5 所示，将省道沿中线剪开，分缝熨烫，省尖部分与垫片分缝熨烫。

4）如图 6-3-6 所示，口袋裁片粘衬，折烫。

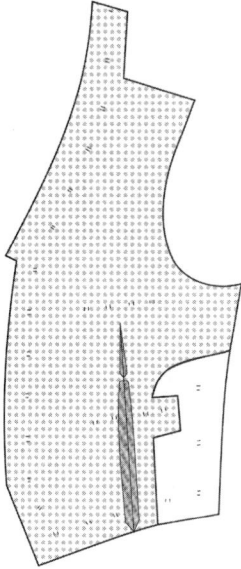

图 6-3-5　熨烫省道

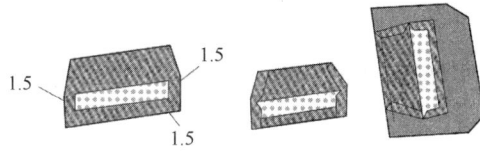

图 6-3-6　熨烫口袋（单位：cm）

5）如图 6-3-7 所示，将袋嵌条与口袋布以袋口线为基准缝合，口袋布置于上端，袋嵌条置于下端。

6）如图 6-3-8 所示，沿口袋中线剪开口袋，将袋嵌条与口袋布翻转至布料反面。

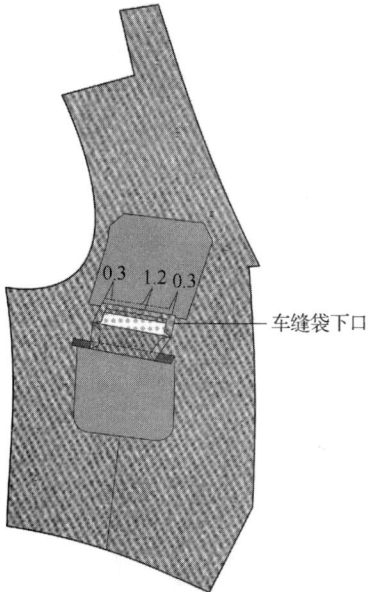

车缝袋下口

图 6-3-7　缝合口袋布（单位：cm）

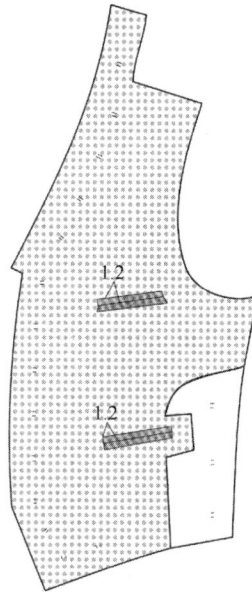

图 6-3-8　剪开口袋（单位：cm）

7）如图 6-3-9 所示，折烫口袋缝份，缲缝下口袋布，使其牢固。

8）如图 6-3-10 所示，将口袋布往下放平，在上下口袋袋口处打剪口。

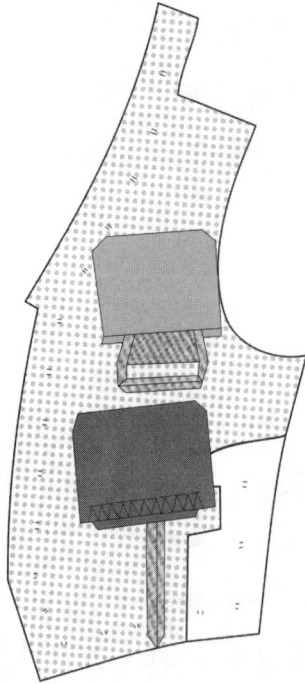

图 6-3-9 折烫缝份

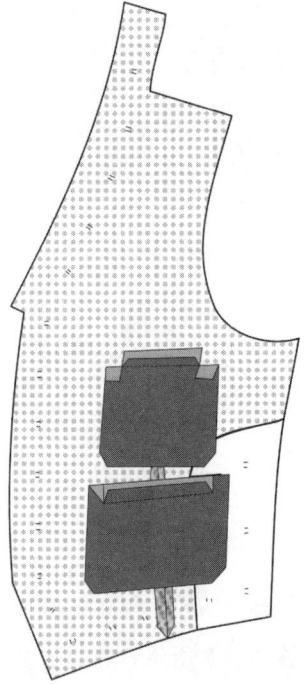

图 6-3-10 口袋布打剪口

9）如图 6-3-11 所示，将正面口袋布全往袋里翻转，在袋口两端缉缝明线。

10）如图 6-3-12 所示，将上下口袋布缝合，在口袋布下端将口袋布与省道缝份缉缝固定。

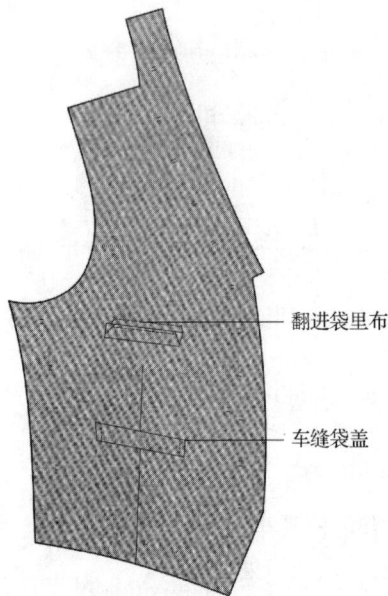

图 6-3-11 袋口缉缝明线

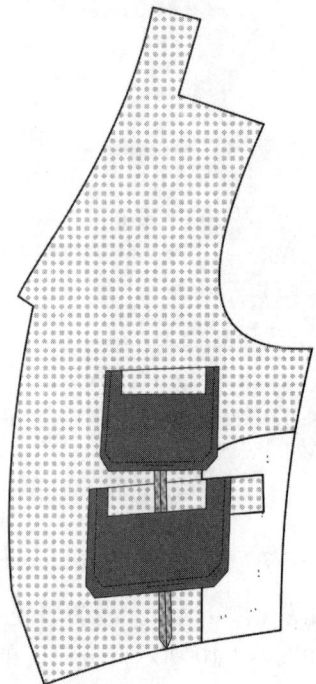

图 6-3-12 缝合口袋

11）如图 6-3-13 所示，将挂面与前片正面相对，沿门襟净样线缝合。

12）如图 6-3-14 所示，将挂面往前片反面翻转，挂面在门襟处往里收进 0.2cm 虚边量，将挂面边缘与衣片用手针缲缝固定。同时将下摆折烫，侧缝在开衩处打剪口，衩位往里折烫。

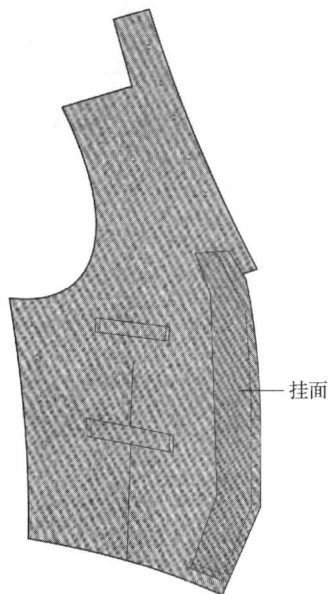

图 6-3-13　缝合挂面

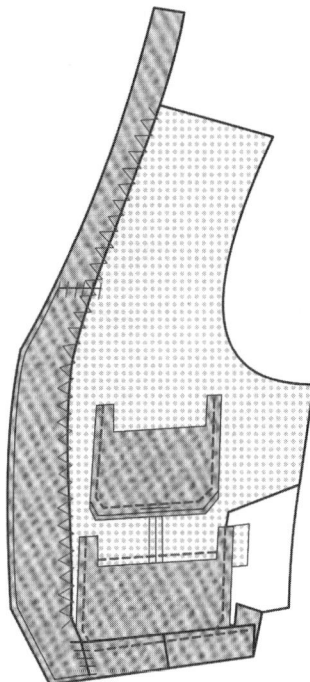

图 6-3-14　缲缝挂面 1

13）如图 6-3-15 所示，将前片与前片里料正面相对，沿袖窿弧线边缘 0.7cm 缝合。

14）如图 6-3-16 所示，将袖窿弧线打剪口，缝份往前衣片折烫，袖窿折烫圆顺。

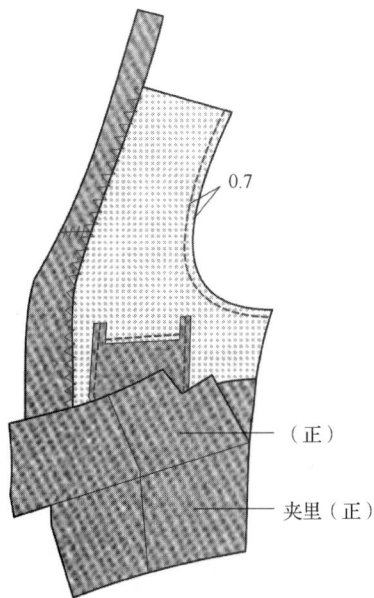

图 6-3-15　缝合袖窿（单位：cm）

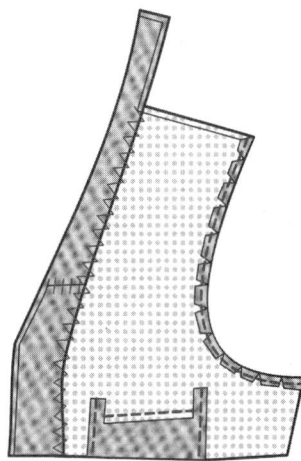

图 6-3-16　折烫袖窿

15）如图 6-3-17 所示，将前片里料袖窿往内收进 0.3cm 虚边量，前片挂面与里料用手针缲缝。

16）如图 6-3-18 所示，缝合后中缝，缝合腰省。

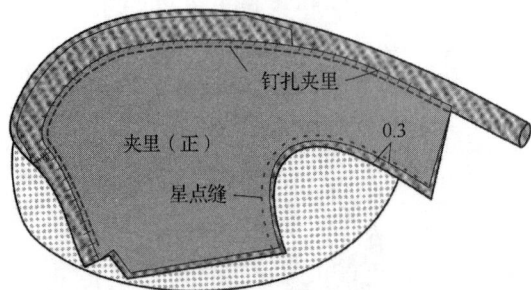

图 6-3-17 缲缝挂面 2

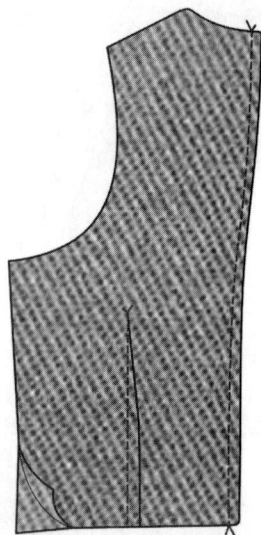

图 6-3-18 缝合后中缝

17）如图 6-3-19 所示，将后中缝腰部打剪口，缝份折转熨烫，腰省倒向背中熨烫。

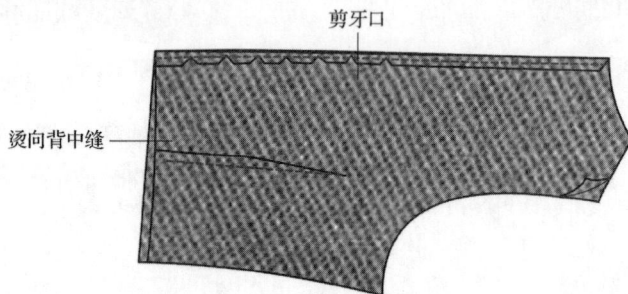

图 6-3-19 熨烫背中缝

18）如图 6-3-20 所示，将后片领口、袖窿弧线打剪口，往内折转熨烫，领口弧线、袖窿弧线熨烫圆顺。

19）如图 6-3-21 所示，将后片翻转至正面，将后片里料熨烫平整，袖窿、领口往内虚边熨烫。

图 6-3-20 熨烫袖窿、领口

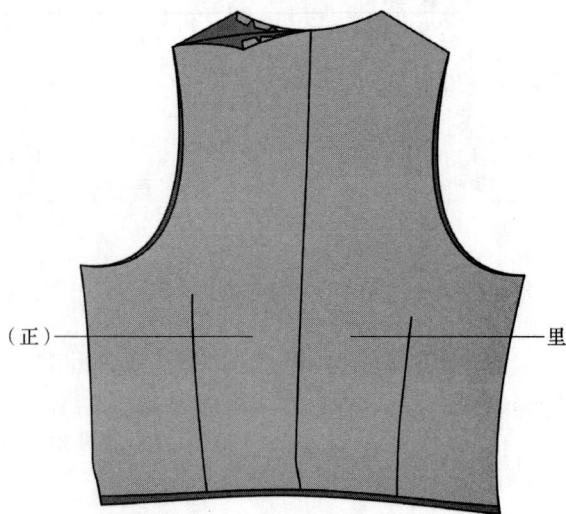

图 6-3-21 熨烫后片

20）如图 6-3-22 所示，将前片正面与后片正面相对，肩缝、侧缝分别面与面缝合、里与里缝合。

21）如图 6-3-23 所示，将领圈贴片与后领圈弧线手针缲缝，锁眼、钉扣、整烫，完成马甲制作。

图 6-3-22　缝合面里侧缝、肩缝

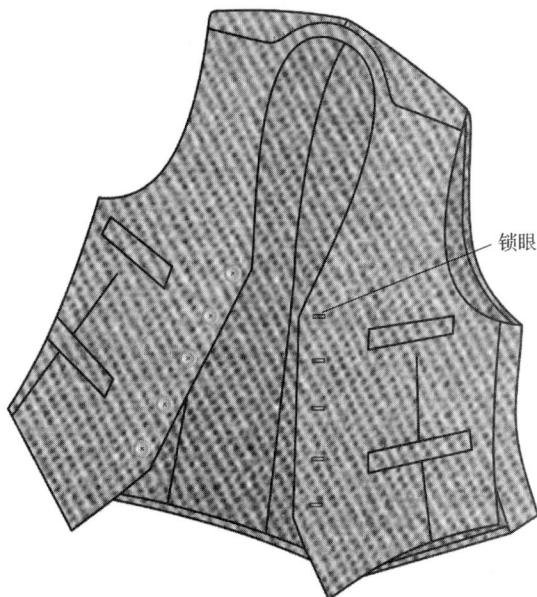

图 6-3-23　成衣整理

任务6.4　大衣缝制工艺

6.4.1　款式图

大衣款式图如图 6-4-1 所示。

图 6-4-1　大衣款式图

6.4.2　结构纸样

1. 尺寸表

160/84A 号型大衣的各部位尺寸表如表 6-4-1 所示。

表 6-4-1　160/84A 号型大衣的各部位尺寸表　　　　　　　　单位：cm

部位	衣长（L）	胸围（W）	肩宽	袖长（SL）	袖口（CW）
尺寸	101	100	40	60	28

2. 结构图

大衣结构图如图 6-4-2 所示。

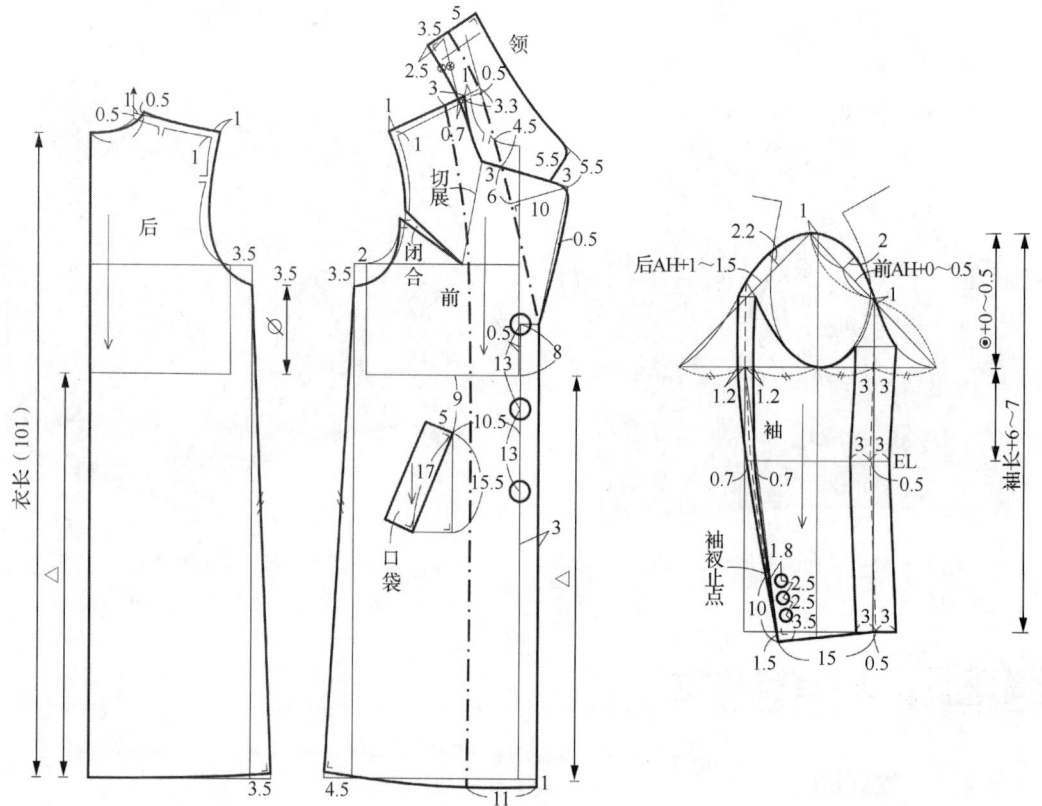

图 6-4-2　大衣结构图（单位：cm）

6.4.3　缝制步骤

先进行布料裁剪，面料、里料裁剪图如图 6-4-3 和图 6-4-4 所示。

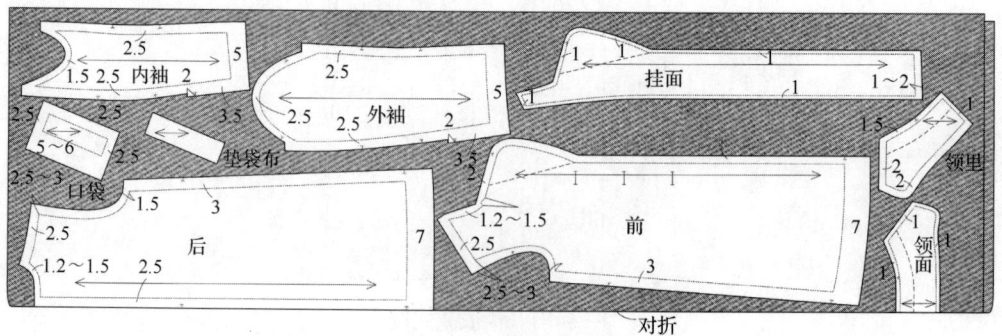

图 6-4-3　面料裁剪图（单位：cm）

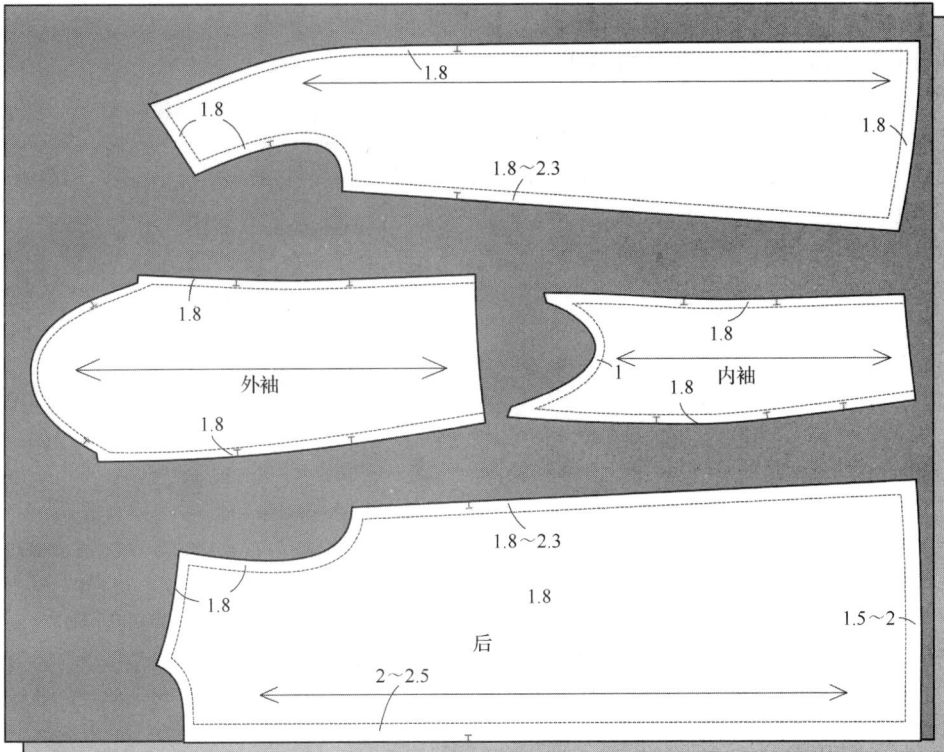

图 6-4-4 里料裁剪图（单位：cm）

具体的缝制步骤如下。

1）如图 6-4-5 所示，将前片相应部位熨烫粘合衬，驳头、门襟、袖窿熨烫牵条，驳头翻折线手缝直纱牵条。

2）如图 6-4-6 所示，将领底中线缝合，缝份分缝熨烫，沿翻折线边缘在领座部分粘贴牵条，缉缝双明线加固。

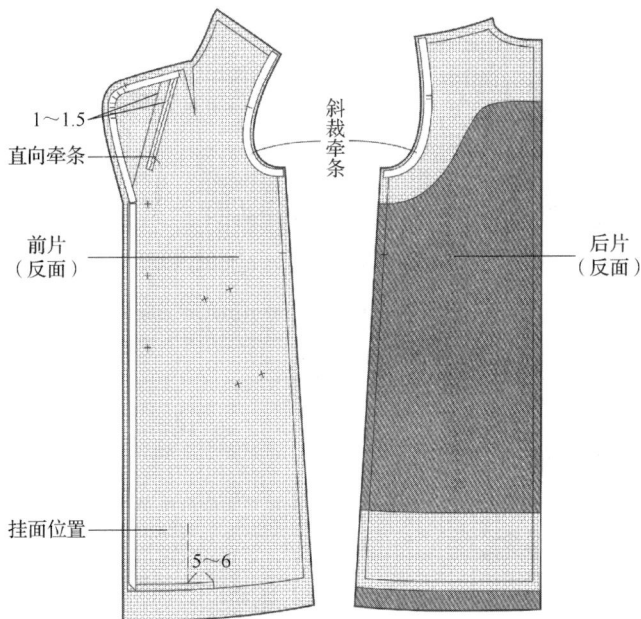

图 6-4-5 裁片处理（单位：cm）

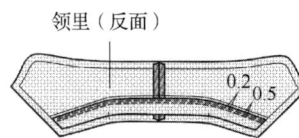

图 6-4-6 领里烫牵条（单位：cm）

3）如图 6-4-7 所示，将前片领省缝合，分缝熨烫。前片插袋参照手巾袋制作方法制作，袋口两端手针点缝，也可以直接缉缝明线。

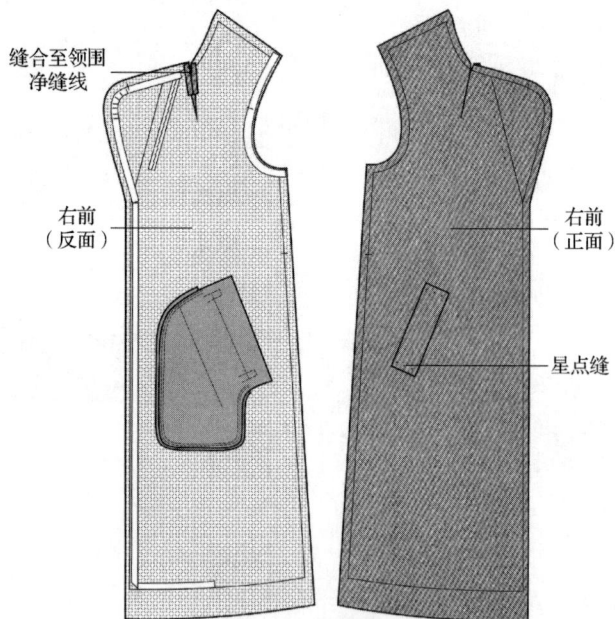

缝合至领围
净缝线

右前
（反面）

右前
（正面）

星点缝

图 6-4-7　制作口袋

4）如图 6-4-8 所示，将衣身后中缝、肩缝、侧缝一一缝合，所有缝份均分缝熨烫。在大衣下摆折边的拼缝处，将缝份修剪至原来缝份的 1/2。

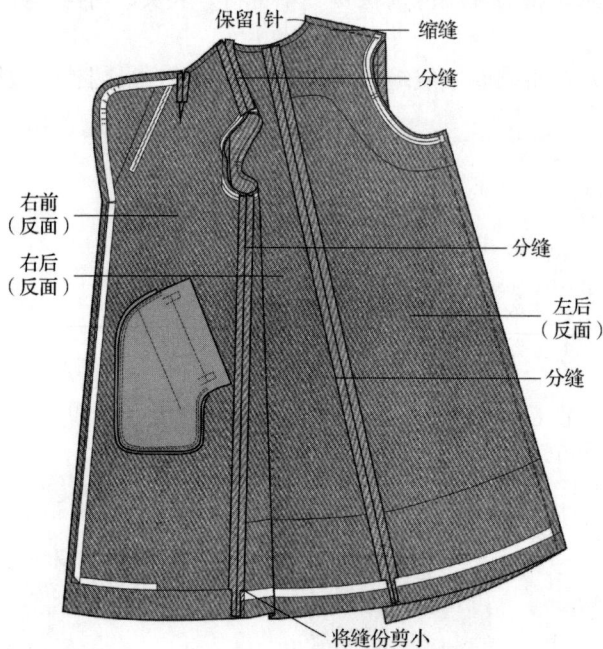

保留1针

缩缝

分缝

右前
（反面）

右后
（反面）

分缝

左后
（反面）

分缝

将缝份剪小

图 6-4-8　缝合衣身

5）如图 6-4-9 所示，将领里与衣身正面相对，与领口装领点一一对应缝合，缝份分缝熨烫。

6）如图 6-4-10 所示，缝合里料后中缝、侧缝，后中缝份倒向右侧，侧缝缝份倒向后片。

7）如图 6-4-11 所示，将挂面与里料缝合，缝份往侧缝坐倒，缝合里料肩缝，缝份倒向后片。

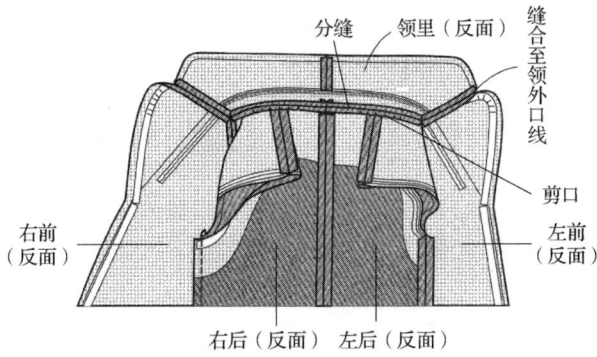

图 6-4-9　缝合领里

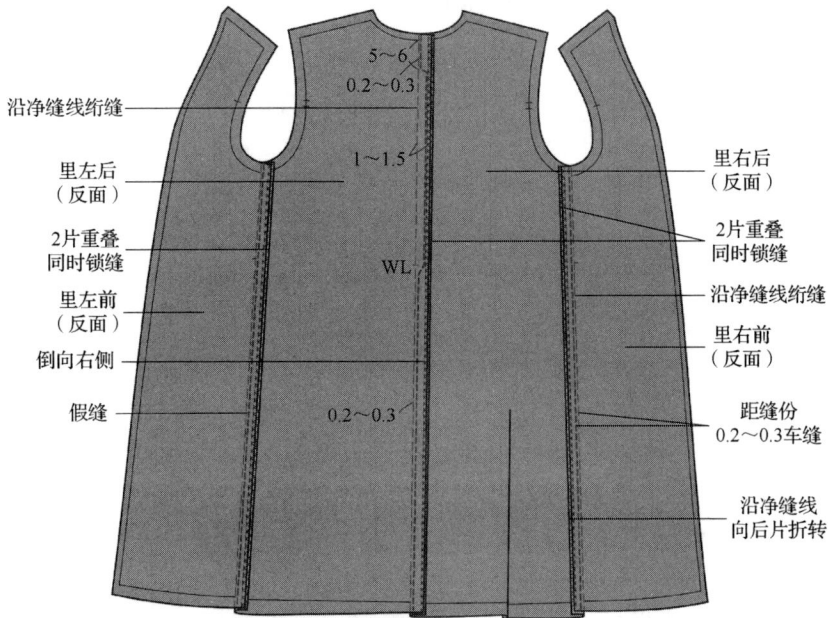

图 6-4-10　缝合里料（单位：cm）

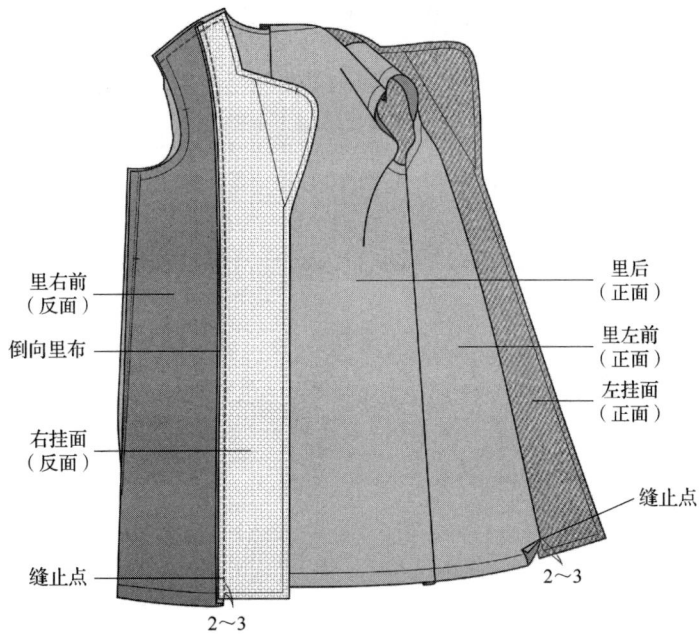

图 6-4-11　缝合挂面（单位：cm）

8）如图 6-4-12 所示，将领面与里料正面相对，与领口装领点一一对应缝合，前领口缝份分缝熨烫，后领口弧线缝份倒向里料。

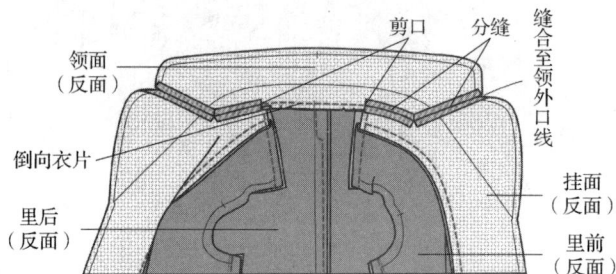

图 6-4-12　缝合领面

9）如图 6-4-13 所示，将领口外围弧线对位点一一对准，沿领口外围弧线缝合一周。

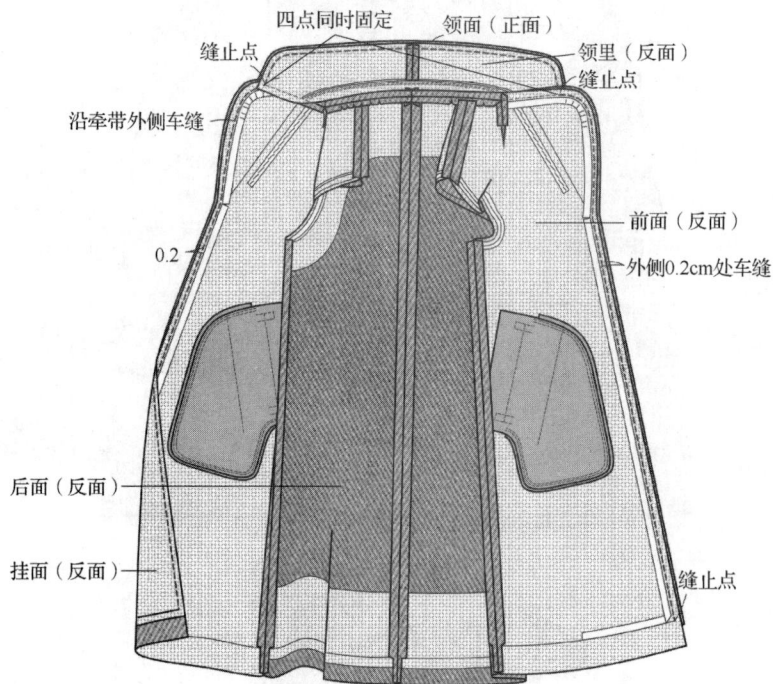

图 6-4-13　缝合领口外围弧线（单位：cm）

10）如图 6-4-14 所示，将衣身翻转至正面，驳头、门襟虚边熨烫，驳头折转控制翻折松量。底边暗缲缝缝合面料、里料。

11）如图 6-4-15 所示，将领口翻转至反面，面里料领口弧线对齐，自驳头装领点用手针绗缝固定领口缝边。

12）如图 6-4-16 所示，将衣身再翻转至正面，驳头自然翻折，沿领口外围弧线，用手针绗缝固定领口外围弧线虚边量。

领面（正面）

固定缝
（将挂面固定在衬布上）

面前
（正面）

里后
（正面）

固定缝

挂面
（正面）

暗缲缝　暗缲缝前绗缝固定

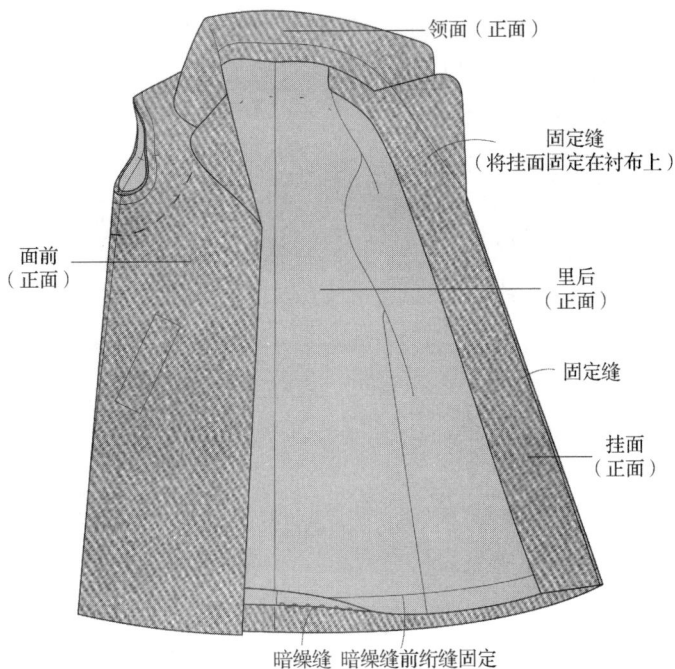

图 6-4-14　衣身翻转熨烫并缝合面料、里料

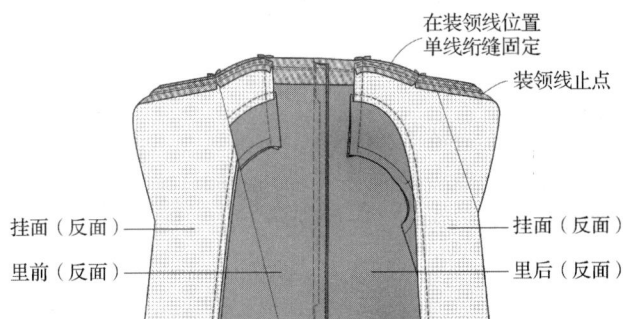

在装领线位置
单线绗缝固定

装领线止点

挂面（反面）

里前（反面）

挂面（反面）

里后（反面）

图 6-4-15　固定领口缝边

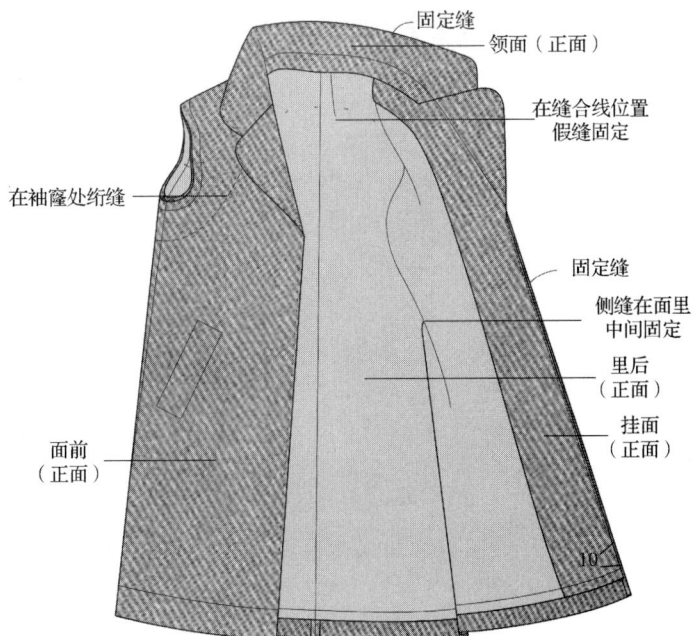

固定缝

领面（正面）

在缝合线位置
假缝固定

在袖窿处绗缝

固定缝

侧缝在面里
中间固定

里后
（正面）

挂面
（正面）

面前
（正面）

图 6-4-16　绗缝固定领口外围（单位：cm）

13）如图 6-4-17 所示，缝合内袖缝线，袖肘处拔烫，缝份分缝熨烫，袖口折边熨烫。

14）如图 6-4-18 所示，缝合外袖缝线，在袖衩转角处打剪口。

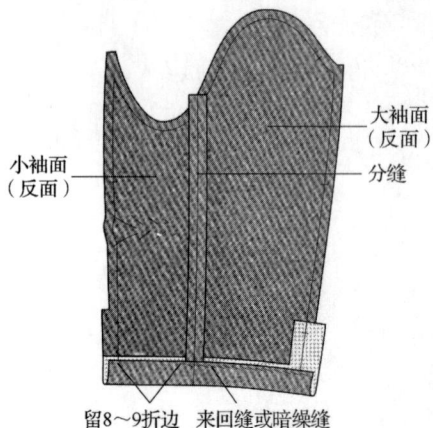

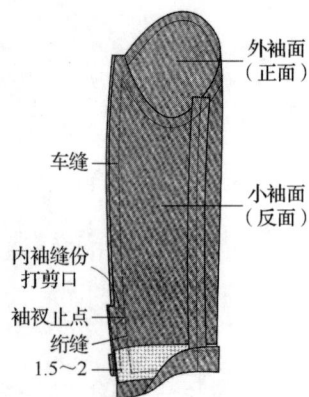

图 6-4-17　缝合内袖缝线（单位：cm）　　　图 6-4-18　缝合外袖缝线（单位：cm）

15）如图 6-4-19 所示，袖口折边用回缝针或者暗缲针固定，袖衩边缘用锁缝针或者三角针锁缝。

16）如图 6-4-20 所示，在袖口开衩处钉装饰纽扣。

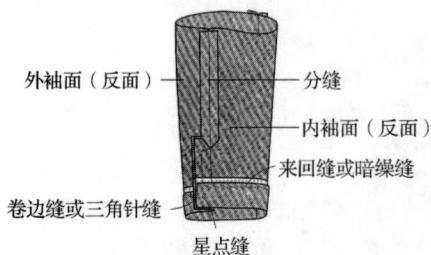

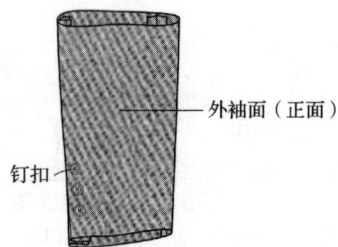

图 6-4-19　袖口处理 1　　　　　　　　　图 6-4-20　钉扣

17）如图 6-4-21 所示，缝合袖子里料，里料缝份往大袖坐倒。

18）如图 6-4-22 所示，将袖子里套入袖子面料中，用手针将袖子面里固定在一起。

19）如图 6-4-23 所示，将里料袖口与面料缲缝缝合，袖衩开口缲缝收口。

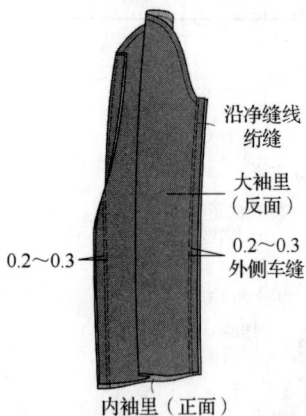

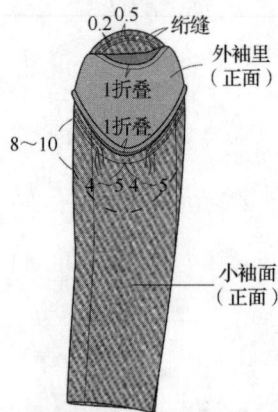

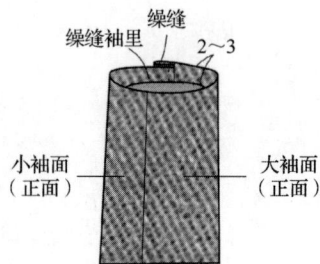

图 6-4-21　缝合袖里　　　　　图 6-4-22　固定袖子面里　　　　图 6-4-23　袖口处理 2
（单位：cm）　　　　　　　（单位：cm）　　　　　　　（单位：cm）

参 考 文 献

胡忧，欧阳心力，2008．现代服装工艺设计图解[M]．长沙：湖南人民出版社．

李凤云，孙丽，2006．服装制作工艺[M]．北京：高等教育出版社．

穆红，2014．服装结构制图与工艺实训[M]．上海：东华大学出版社．

三吉满智子，2004．服装造型学[M]．北京：中国纺织出版社．

孙兆全，2007．服装工艺[M]．北京：高等教育出版社．

文化服装学院，2006．文化服饰大全服饰造型讲座[M]．上海：东华大学出版社．

闫学玲，2015．服装工艺[M]．北京：中国轻工业出版社．

20）如图 6-4-24 所示，将袖子面与衣身袖窿缝合，翻转至正面，观察袖山圆顺度，调整袖山吃势量。

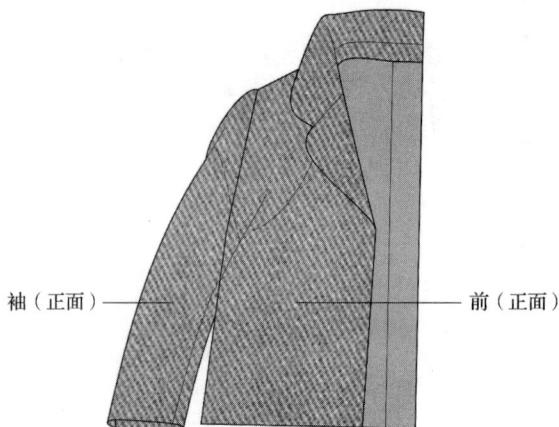

图 6-4-24　装袖

21）如图 6-4-25 所示，袖窿里料与面料用手针绗缝固定，使肩线与侧缝线面料、里料对位准确。

22）如图 6-4-26 所示，里料袖山与里料袖窿用手针缲缝缝合。大衣钉扣、锁眼、整烫，完成大衣制作。

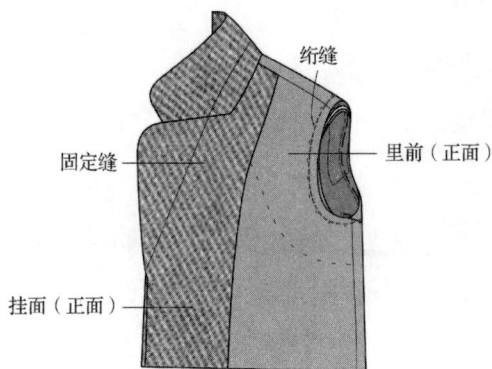

图 6-4-25　袖窿绗缝固定　　　　　图 6-4-26　完成大衣制作

项目实践

1．为自己或者家人设计一款西装或者大衣，测量相关部位尺寸，并制作出样版、裁剪制作相应的成衣，着装试穿并拍摄正、背、侧照片。

2．3～5 人为一组，利用周末或其他节假日，去附近的服装厂进行深入学习与实践，记录并亲自参与一款西装或者大衣的整个生产过程，并将学习与实践过程中所搜集的相关资料素材整理成 PPT 进行实践汇报。